JN046986

計量分析
One Point

Quantitative
Applications
in the
Social
Sciences

空間回帰モデル

Spatial
Regression Models
Second Edition

Michael D. Ward・Kristian Skrede Gleditsch 著

田中 章司郎・西井 龍映 訳

共立出版

Spatial Regression Models Second Edition

by Michael D. Ward, Kristian Skrede Gleditsch

「計量分析 One Point」シリーズの刊行にあたって

　本シリーズは，"little green books" の愛称で知られる，SAGE 社の Quantitative Applications in the Social Sciences（社会科学における計量分析手法とその応用）シリーズから，厳選された書籍の訳書で構成されている。同シリーズは，すでに 40 年を超える歴史を有し，世界中の学生，教員，研究者，企業の実務家に，社会現象をデータで読み解く上での先端的な分析手法の学習の非常によいテキストとして愛されてきた。

　QASS シリーズの特長は，一冊でひとつの手法のみに絞り，各々の分析手法について非常に要領よくわかりやすい解説がなされるところにある。実践的な活用事例を参照しつつ，分析手法の目的，それを適用する上でおさえねばならない理論的背景，分析手順，解釈の留意点，発展的活用等の解説がなされており，まさに実践のための手引書と呼ぶにふさわしいシリーズといえよう。

　社会科学に限らず，医療看護系やマーケティングなど多くの実務の領域でも，現在のデータサイエンスの潮流のもと，社会科学系の観察データのための分析手法やビッグデータを背景にした欠測値処理や因果分析，実験計画的なモデル分析等々，実践的な分析手法への需要と関心は高まる一方である。しかし，日本においては，実践向けかつ理解の容易な先端的手法の解説書の提供は，残念ながらいまだ十分とはいえない状況にある。そうしたなかで，本シリーズの

刊行はまさに重要な空隙を埋めるものとなることが期待できる。

　本シリーズは，大学や大学院の講義での教科書としても，研究者・学者にとってのハンドブックとしても，実務家にとっての学び直しの教材としても，有用なものとなるだろう。何はともあれ，自身の関心のある手法を扱っているものを，まずは手に取ってもらいたい。ページをめくるごとに，新たな知識を得たり，抱いていた疑問が氷解したり，実践的な手順を覚えたりと，レベルアップを実感することになるのではないだろうか。

　本シリーズの企画を進めるに際し，扱う分析手法は，先端的でまさに現在需要のあるもの，伝統的だが重要性が色褪せないもの，応用範囲が広いもの，和書に類書が少ないもの，など，いくつかの規準をもとに検討して，厳選した。また翻訳にあたられる方としては，当該の手法に精通されている先生方へとお願いをした。その結果，難解と見られがちな分析手法の最良の入門書として，本シリーズを準備することができた。訳者の先生方へと感謝申し上げたい。そして，読者の皆様が，新たな分析手法を理解し，研究や実践で使っていただくことを願っている。

三輪　哲

渡辺美智子

訳者まえがき

　本書は Michael D. Ward と Kristian Skrede Gleditsch による *Spatial Regression Models* (Second Edition, Sage, 2019) の全訳である。原著の初版（2008 年）は，社会科学における空間データの解析についての実践的なアプローチを解説しているという点において画期的な書籍であった。原著第 2 版では初版を更新し，かつ拡張を行った。次の GDP の例から本書を概観する。

　各国の GDP（国内総生産）について国の位置関係を考慮して解析してみよう。GDP を予測したい変数（**目的変数**）としたとき，GDP は国内の開発投資額や失業率のような経済状況（**説明変数**）ばかりでなく，近隣諸国の GDP などからも影響を受けていることが想定される。この直感を統計モデル（**回帰モデル**）に取り込めば，近隣からの影響を考慮しないモデルより優れた解析結果が得られると期待される。

　本書では社会経済データに関する回帰分析について，観測領域の特性（説明変数）ばかりでなく，領域の位置関係も考慮することにより，実態をより反映した解析となるような統計的手法（モデリング）を議論している。各章の要約は下記の通りである。

第 1 章：社会科学における空間データを空間モデルにより解析することの利点・重要性を論じている。

第 2 章：19 世紀のロンドンにおいて，コレラの蔓延と水源との関係が示されている。このように人間の社会活動を地図上に表すことで，新しい知見が得られることを示唆している。

第 3 章：観測領域 i での目的変数 y_i（例：GDP）が，i に隣接する領域 j の目的変数 y_j から影響を受けるモデルでは，従来の独立性が仮定された回帰モデルを適応してしまうと，誤った結論を導く可能性があることを例示している。

第 4 章：目的変数 y_i が隣接する領域の y_j から影響を受ける空間依存性をもつ場合，y_i が y_j から直接影響を受けるモデル，すなわち**空間隣接性を考慮した y モデル**を考察している。本書の主要な章である。

第 5 章：目的変数の空間依存性が，目的変数からではなく誤差を介して入るモデル（空間誤差モデル）を考察している。

第 6 章：空間アナリストが直面する難問の解説，および空間回帰モデルの発展的内容が多くの R パッケージとともに紹介されている。

　取り扱われる実例は GDP，民主化度，紛争件数，選挙行動，各国のネットワーク等の多岐にわたり，興味深い結論が導かれている。社会科学に関する空間データについて，空間的依存性をモデルに取り込むことの有効性を示している好書である。R（無料の統計ソフト）の**ソースコードと解析例**が著者のウェブページに掲載されているので，参考になろう[a]。さらに**最近の発展的な話題**について触れられていることも魅力の一つである。本書により社会科学における空間回帰モデルの重要性の理解や実証分析への応用が発展する

---

[a]訳注：公開されている R スクリプトは，本書編集時点（2023 年 5 月）では不具合があって実行できないものが多いが，原著者によって更新される予定があるようなので，適宜最新の情報を確認してほしい。

こと，また空間依存性をモデルに取り込む回帰分析が，社会科学研究者および生態モデル研究者との相互交流が広がる一つのきっかけとなれば，訳者の望外の喜びである。

　最後に *Spatial Regression Models* の原著者 Dr. Michael D. Ward および Dr. Kristian Skrede Gleditsch には，翻訳上の質問やコメントに丁寧に対応していただいた。ここに厚く御礼申し上げる。また翻訳を我々に勧めて下さった矢島美寛先生（東京大学名誉教授）に感謝の意を表したい。本書の翻訳作業には 2019 年から本格的に取り掛かった。ただ 2020 年に始まったコロナ禍のため，訳者の勤務先でのコロナ禍対応やオンライン授業の準備に忙殺され，翻訳の完成に時間を要した。共立出版の菅沼正裕さんと大久保早紀子さんには原稿の仕上がりを忍耐強く待っていただいたこと，原著者との連絡・調整や数式の入力等の細かい点にまでご配慮いただいたことに心より御礼申し上げる。

田中章司郎・西井龍映

原著シリーズ編者による内容紹介

　地理情報システムで有名な企業 ESRI[a)]は，全世界で保有されているデータの 80% に地理的要素が含まれていると主張しています。その具体的な数字が正しいかどうかは別として，社会科学者が利用できるデータの多くが，明示的な，あるいは参照できるような位置情報を含んでいることは紛れもない事実です。この情報の中には，世帯の住所を特定する緯度経度座標など，非常に詳細なものや，学校，病院，社会福祉プログラムなど，解像度の高い空間解像度のものもあります。また，社会科学者にとっては非常に馴染みのある高次の地域区画もありますが，国家や自治体などのように場所を参照して分析されることがほとんどないデータもあります。地理学者は，概念化，収集，整理，管理，分析，位置情報の表現などの方法について特別に訓練を受けますが，本書は，これらのスキルをもっていない社会科学者を対象としています。

　本書は，原著初版の更新と拡張の両方を行ったものです。この原著第 2 版では，データを記述および表示するために地図をどのように使用できるかという基本的なことから説明しています。データの空間的パターンについての直感を養うことは，あらゆる空間

[a)]訳注：米国カリフォルニア州レッドランズに本社を置くソフトウエア企業 Environmental Systems Research Institute の略称。

分析を始めるための優れた出発点です。著者らは，境界の定義，色の選択と使用，様々な投影技術など，地理学者には馴染みがあるものの，社会科学者にとっては新しいトピックに取り組んでいます。これは，原著第2版の新しい内容です。第3章では，分析区画間の空間的関係について論じています。このような関係が適切に取り扱われない場合，古典的な線形回帰モデルの仮定が成立しない可能性があります。たとえば，隣接する地理的区画間で誤差項が相関していたり，1つの区画 i での目的変数 y の値が，i に隣接するいくつかの区画での y の値に依存していたりすることがあります。後者の問題は第4章の焦点です。前者は，空間依存性が誤差項を介してモデルに入り込む空間誤差モデルであり，第5章の焦点です。著者らは，空間隣接性を考慮した y モデル (spatially lagged y model) の方が実質的には興味深いと主張していますが，それは空間依存性を厄介なものとして扱うのではなく，空間依存性の根底に何があるのかを扱っているからです。最後の第6章では多重接続性，離散型の目的変数，空間的異質性の効果など，より高度なトピックを扱っています。これらの資料の多くは原著第2版で新たに追加されたものです。

　全体を通して，著者は例を用いて，彼らが説明しているツールの応用と，分析者が選択しなければならない多くの選択肢を示しています。最も広く使われている例は，国家間の富と民主主義との関係に焦点を当てたもので，国民一人当たり GDP（自然対数）が政治指標 (polity index) へ与える影響を扱っています。この例は第3章で最初に紹介され，空間依存性，空間相関の尺度，および連続性と距離の測定に関する選択を説明するために使用されています。この例は，第4章で再び紹介されます。ここでは，各国の民主主義のレベルが，一人当たり GDP とは全く別の，「近隣国」の民主主義のレベルによって影響を受けるという空間隣接 y モデルの仕様，

推定，解釈を説明するために使用されています。この例は第5章にも掲載されます。他の例としては，2001年のイタリアの各州における投票率，2004年のアメリカ大統領選挙における州ごとの選挙結果，1998年のヨーロッパとアフリカ諸国間の貿易の流れなどにおける空間依存性があります。これらの例を再現するために必要なデータとコードは，著者のウェブサイト www.srmbook.com で入手可能です。

　原著初版と同様に，本書は広く利活用できるようになっています。学部上級生または大学院レベルの回帰を学ぶ講義の参考書として使用することができ，その際にはウェブサイトにあるスライドが非常に役立ちます。社会科学の観点から空間データと手法を集中的に紹介したいと考えている，あらゆるレベルの研究者のためのリソースとして利用できます。社会科学者が地理的に参照されたデータと空間的視点の応用から学ぶべきことはたくさんあります。

Barbara Entwisle

（Quantitative Applications in the Social Science シリーズ編者）

原著まえがき

　空間依存性がどのようにして回帰モデルの枠組みに統合されうるかについて，原著初版と同様に，この第2版では社会科学者のために概要を自己完結した形で示している。本書は，幅広い読者が利用できる本，社会科学への応用に重点を置いた本であり，読者間のギャップを埋めることを意図している。社会科学における空間分析の役割が大きくなっていることを考慮して，本書では初版で扱わなかった空間分析のいくつかの側面を追加している。読者は，社会科学研究で広く採用されている古典的な回帰モデルに精通していることを前提とした。空間統計学に関する網羅的な研究は数多く存在するが，そのほとんどは非常に高度なものであり，統計学の知識を十分にもっている読者を対象としている。また，これらの研究のほとんどは，自然科学と関連性の高いトピックや応用を対象としている。本書では，通常の最小二乗回帰と標準的な回帰の仮定についての知識のみを前提としている。読者が主要な結果を理解するために，行列計算を理解していなくてもよいように書かれている。現代の社会科学からの事例を用いて，空間的な考え方が社会科学研究にどのように貢献できるかを示している。

　また，プログラムコードとデータをウェブサイトで提供している。同時に，本編で取り上げたトピックのディスカッション資料や講義資料を提供する一連のプレゼンテーションスライドも提供して

いる。本書では，2つの重要なトピックを追加している。まず，地図，つまり，ロンドンからシアトルまでエアバスで移動するという意味ではなく，データを空間的に表示するという意味での地図に関する説明を追加している。さらに，時間の経過とともに変化するデータをもつ空間モデルをどのように扱うかについての重要な説明を追加した。しかし，空間解析を行うためのマルチレベル階層モデルは，本書で紹介する範囲を超えているため割愛した。

　新世紀の幕開けから，社会科学における地図と空間分析の利用は爆発的に増加している[1]。2000年代初頭には，一連の国際会議によって，地理学 (Ward, 2002) と政治学 (Ward & O'Loughlin, 2002) の2つの論文誌で特集号が出版された。これらの特集号とその中に含まれている論文は，政治学の永続的な問題をより深く，より文脈に沿った理解を深める方法として，政治学と地理学の間にある潜在的な相乗効果を強調するものであった (Anselin & Cho, 2002a,b; Baybeck & Huckfeldt, 2002; King, 2002; Kohfeld & Sprague, 2002; O'Loughlin, 2002; Shin & Agnew, 2002; Starr, 2002; Sui & Hugill, 2002; Tir & Diehl, 2002; Ward, 2002; Ward & Gleditsch, 2002)。

　さらに，*Journal of Statistical Software* に掲載された最近の要約を含め，広範囲の空間分析および統計分析を行うために利用可能なソフトウェアが増えてきている (Bakar & Sahu, 2015; Bivand et al., 2015; Bivand & Piras, 2015; Brown, 2015; Finley et al., 2015; Gaudart et al., 2015; Gollini et al., 2015; Hengl et al., 2015; Lindgren & Rue, 2015; Loecher & Ropkins, 2015; Pacioreken & Ropkins, 2015; Gollini et al., 2015; Hengl et al., 2015; Jing & De Oliveira, 2015; Lindgren & Rue, 2015; Loecher & Ropkins, 2015;

---

[1] より以前の資料は Ward & Gledittsch(2002) 参照。

Paciorek et al., 2015; Padoan & Bevilacqua, 2015; Payton et al., 2015; Pebesma et al., 2015; Pélissier & Goreaud, 2015; Schlather et al., 2015; Sigrist et al., 2015; Taylor et al., 2015; Umlauf et al., 2015)。

Ward & Gleditsch (2008) の出版もインパクトがあった。Google Scholar では 300 以上の引用があり，ミラーサイトでは 50 以上の サイトから直接リンクが張られている。実際，空間分析は比較的一 般的になってきているが，可能性があると思われるすべての用途で 活用されているわけではない。*American Political Science Review* の 2016 年 2 月号には，地図と統計分析の両方を利用した論文が 1 本掲載されており (Braun, 2016)，*International Studies Quar-terly* の 2016 年の号にも，空間分析と地図を用いた論文が 1 本掲 載されている (Lebovic & Saunders, 2016)。実際，地図と空間分 析は，現在では十分に一般的なものであり，もはや目新しさやユニ ークさはないが，日常生活に比べれば学術研究においてまだありき たりなものとはいえない。

本書は，原著初版を特定の目的のために改訂したものである。何 よりもまず，空間分析において重要となってきた 2 つのトピック を追加した。一つは，依存するデータの表示と分析の方法としての 地図とマッピングの章である。もう一つは，空間と時間が変化する データの分析を含む様々な拡張に焦点を当てた章である。これらの 追加はいずれも，近年の社会科学における空間分析の基礎の充実を 反映したものである。また，教育的に使用する実際のデータを更新 し，拡張する機会を得た。さらに重要なことは，多くのソフトウェ ア・パッケージが増えたことで，初版出版当時よりも分析を行うた めの選択肢が増え，当時は重宝されていたが現在では時代遅れにな った手続きやライブラリを，大幅に改善されたものに置き換えてい る。このように，本書の改訂は，これらの方法を実装するために使

用されるソフトウェアの改良を反映している。最後に，活発に教育的な活動を進めていく中で，より最新のものを維持するために，私たちはプログラム，データ，およびその他の教育的な資料をウェブリポジトリ www.srmbook.com で公開している[a]。このリポジトリは誰でも利用可能であり，より簡便にするために定期的に更新される予定である。これらの更新によって，様々な世代の学生を，社会データの空間分析，および空間回帰モデルに導くことができると期待している。

Michael D. Ward

Kristian Skrede Gleditsch

ベルビュー，ボルドー，ダーラム，ロンドン，ミラノ，パリ，

ザンクト・ガレン，ワイブンホー（エセックス），

デルタ 33（モーターボート），その他多数の場所にて

2018 年

---

[a] 訳注：このウェブサイトには，各章ごとに各種データ (clean data)，プログラムコード (hot code) および資料 (cool slides または lab exercises) が公開されている。各章は原題が記載されているので注意してほしい（第 1 章：Why Space in the Social Sciences?，第 2 章：Maps as Displays of Information，第 3 章：Interdependence among Observations，第 4 章：Spatially Lagged Dependent Variables，第 5 章：Spatial Error Model，第 6 章：Extensions）。なお，公開されている R スクリプトは，本書編集時点（2023 年 5 月）では不具合があって実行できないものが多いが，原著者によって更新される予定があるようなので，適宜最新の情報を確認してほしい。

謝　辞

世界中の多くの同僚が，空間データと依存するデータの分野での私たちの研究に情報を与え，インスピレーションを与えてくれた。また我々は，多くの洞察が得られた有用なディスカッションを行った次の人々に感謝する：Annatina Aerne, Mario Angst, John Ahlquist, Kyle Beardsley, Pablo Beramendi, Nathaniel Beck, Roger Bivand, Mir-jam Anna Bruederle, Xun Cao, Lars-Erik Cederman, Hanna Dönges, Cassy L. Dorff, Ulrich Eberle, Jos Elkink, Shauna Fisher, Max Blau Gallop, Sergio Gemperle, Florian Hollenbach, James P. LeSage, Tse-Min Lin, Nils Metternich, Shahryar Minhas, Jacob Montgomier Jan Pier, James P.LeSage, Tse-Min Lin, Nils Metternich, Shahryar Minhas, Jacob Montgomery, Jan Pierskalla, Lea Portman, Vitaliy Pradun, Andrea Ruggeri, Arturas Rozenas, Idean Salehyan, Dominik Schraff, Lena Seitzl, Michael Shin, David Soskice, Carina Steckenleiter, André Walter, Simon Weschle, Nils Weidmann, Erik Wibbels, Martina Zahno

また，SAGE 社と著者らは，以下の査読者からのフィードバックにも感謝している。

Matthew Ingram（アルバニー大学）

Karen Kemp（南カリフォルニア大学）

Changjoo Kim（シンシナティ大学）

Onésimo Sandoval（セントルイス大学）

Corey Spark（テキサス大学サンアントニオ校）

目　次

第1章

社会科学における空間分析

　地理学，経済地理学や地政学のような専門的な分野以外，特に伝統的な社会科学の標準的な議論の中では，空間分析はあまり目立った存在ではなかった。そのため，なぜ社会科学者が空間回帰モデルに興味をもつべきなのか，多くの人には理解できないかもしれない。本章では，社会科学で空間データと空間モデル化を使う意義について，主だった疑問やトピックを引用しながら議論する。

1.1　相互作用と空間依存性

　第一の理由は，空間的なモデルとデータを用いて，要因間の社会的相互作用や依存関係を研究できることである。社会科学者は，個人，政党，グループ，国など，様々なタイプの要素が相互に作用する状況に関心をもつことが多い。多くの場合，個々の当事者の行動による結果や動機は，特定の個人の属性だけに依存するのではなく，システムの構造，システム内でのそれらの位置，他の要因との相互作用に依存している。

　インフルエンザのような一般的な感染症でも，社会的な相互作用によって感染するので，社会的な要素をもっている。特定の個人がライノウイルスに感染する可能性を予測するには，最近何かが「流行している」かどうか，その個人がこの病気にかかった人と接触し

たことがあるかどうかを調べることになる。病気の中には，感染した個人と他の人との接触を介して病気を感染させ広がる感染症がある。異なる相互作用パターンによって，病気の異なる動態が生じる可能性もある。たとえば，完全に孤立した社会的なサークルやコミュニティからは，コミュニティ外の人との橋渡しやつながりがなければ，病気が広まることはない。その最も有名な例として，HIVレトロウイルスの米国への伝播がある。この伝播は，1970年代後半にカナダの航空会社の添乗員であったGaëtan Dugasをインデックス・ケース[a]として広まり始めたと主張されている (Auerbach et al., 1984)。

　観察結果を空間的に無関係なものとして扱うことは，インフルエンザの例では明らかに合理的でない。おそらく，一部の人は免疫機能が弱く，流行時に病気になる可能性が高い。しかし，他の個人が感染しているかどうかとは無関係に，個人の属性だけでインフルエンザのリスクを予測しようとはしない。たとえば，親と子が収入，睡眠時間，喫煙などの点で「似ている」ことは少ない。しかし，家族の一人が感染した場合，他の家族も通常は感染リスクにさらされることになる。社会関係モデルは，集団と個人の独立した効果と相互作用を分離することに関心をもった心理学者やその他の研究者の間で生まれたものであり，このような依存関係をモデル化する一つの試みである (Kenny, 1981; Malloy & Kenny, 1986; Moreno, 1934)。

　奇妙なことに，相互作用とその構造から生じる依存性の役割は，社会科学の実証分析からはほとんど完全に欠落していることが多い。たとえば，投票率の場合を考えてみよう。投票率の差は通常，

---

[a]訳注：インデックス・ケースとは疫学調査上で集団内最初の患者となった人物を指す。なお後年になって，Gaëtan Dugas以前からHIVウイルスは米国に持ち込まれていたことが判明している。

学歴など，政治的行動にとって重要であると考えられている個人の特性を用いて説明されてきた。しかし，個人の特性と同じくらい重要なのは，他の個人との交流や結びつきである。たとえば，いわゆる「投票に行こう」という電話は，投票率を平均約 6(± 3)% 上昇させる (Imai, 2005)。同様に，教会や労働組合などの組織とのつながりも，有権者の投票率の上昇につながることが知られている。Baybeck & Huckfeldt (2002) は，拡散性のあるネットワークであっても，離れた場所にいる個人は頻繁に交流する可能性が低いことを示している。このような研究は例外であり，一般的ではない。有権者の投票率に関するほとんどの研究では，依然としてすべての有権者が独立した決定をすることを仮定している。

　社会学的理論もまた，社会関係における空間と場所の役割について，より深く理解を示すようになってきている (Entwisle, 2007; Logan, 2012; Logan et al., 2010)。たとえば，分析者が特定の地域に住むことが，個人や家族の特性を超えて，健康や雇用機会などの結果に影響を与えるかどうかを検証するような近隣効果に関する研究を考えてみよう。雇用機会から遠く離れた場所に住んでいる人は，仕事を見つけるのがより困難になるだろうし，汚染源に空間的に近いことが健康に有害な影響を与えることもあるだろう。その他の明らかな近隣効果は，空間的な近さと相互作用の関連性から生じる可能性がある。Entwisle et al. (1996, p.9) は，女性の避妊薬使用について，個人の特性だけでは説明できないくらい，大きな差があることを発見し，これは女性が人間関係の中で親密な話題についてどのように情報を共有しているかに起因していると述べている。しかし，近隣効果は個人の移動性によっても影響を受ける可能性があり，それは個人の特性によって異なる可能性がある。Cohn & Fossett (1996) は，「職場までの距離」が地理的な要因だけではなく，交通手段へのアクセスにも依存することを強調している。自家

用車を利用できる富裕層にとっては，不十分な公共交通機関に依存
している貧困層にとってよりも長距離の移動が障壁となることは少
ない。

　依存関係は個人に限定されるものではなく，はるかに高いレベ
ルで，集合体やより大きな単位で集計されたデータにも見られる
ことがある。ある経済学者は，1980 年代のヨーロッパにおける二
酸化硫黄と亜酸化窒素の排出に関する，行動の自主的および非自
主的な側面における相互依存的な意思決定について検討している
(Murdoch et al.(1997))。汚染物質は国境に関係なく空間的に拡散
されるため，空間分析技術は，汚染の波及効果と法令遵守に関わる
問題の相互依存性を浮き彫りするのに役立つだろう。

　不平等や貧困のような国家レベルの現象や結果の多くは，互いに
密接に絡み合っている。富と所得の分配が最も偏っているのは最
貧国であることが多く，政治経済学の研究では，汚職はしばしば貧
困の結果であると同時に，貧困の明白な原因でもあることが示唆
されている。しかし，所得の不平等は，貧困よりも汚職のレベルを
さらに高める可能性がある。富と汚職の分配が空間的に偏ってい
ることによって，この影響をわかりにくくしているのかもしれない
(Treisman, 2007; You & Khagram, 2005)。最後に，様々な組織の
様相も政治を模倣することによって同様に広がっていく可能性があ
る (Lee & Strang, 2006)。

　第 3 章では，個人間のネットワークまたは依存構造がどのよう
にモデル化できるかを示す。この章以降では，空間回帰を用いて観
測値がどのように推定され，評価されるかを示す。地理的な距離は
様々な相互作用に重要な影響を与え，もっともらしい結びつきは本
質的に空間的である。しかし，空間モデルの枠組みは，他のタイプ
の非地理的距離との関連にも拡張できる。

1.2 社会科学における空間データ

依存関係のモデル化は空間分析手法を開発する動機の一つとなるが，研究者が依存関係そのものに興味がなくても，データの空間的な構成によっては空間分析手法が有用になるケースは他にも多くある。ここでは，空間変動を反映したデータと，外生的な影響に対する地理情報の利用に基づいて，2つの簡単な例を示す。

多くの研究者は，国などの集合単位内で大きな差異のある特徴に興味をもっている。空間データは，ある地理的領域に起因する変動や値を捉えたもので，しばしば**面状 (areal) データ**や**格子 (lattice)データ**と呼ばれている。たとえば，経済活動や生産量は国によって大きく異なり，多くの国では国土内の経済的な富や生産性にも大きな差がある (Nordhaus, 2006)。また，経済活動に関する GIS データは，国内での貧富の差の程度や，それが対立関係などの他の結果にどのような影響を与えているかを研究するために用いることができる (Cederman et al., 2011)。

他のケースでは，**点データ**として知られる，地理的に特定された場所における個々の事象や属性のデータを使うこともある。伝統的な点過程分析は，地球科学では一般的であるが，社会科学ではあまり行われていない。その一例として，Cho & Gimpel (2007) では，空間統計学的手法を用いて選挙運動への寄付の分布を調べ，資金調達の努力から寄付の見込みと将来の寄付の可能性を予測できると推論している。

しかし，個々の点データは，より大きな単位に集約されることが多い。たとえば，Weidmann(2011) は，ボスニア・ヘルツェゴビナの紛争や戦闘イベントを州や小さな郡レベルまで集計し，紛争頻度の変動の中で，異なる民族分布がどのように関連しているかを調べている。より一般的には，空間データは多くの場合，異なる

レベルの集計に再スケーリングすることができる。たとえば，州の地図を森林被覆などの特徴に関するデータと組み合わせることができる。ベクトルデータは個々の点として表現されることがあるが，ラスターデータは固定解像度をもっており，解像度の精度にもよるが，広い範囲をカバーしつつ特定の画素の精度を超えることは不可能である。しかし，このようなデータは，たとえば州ごとの森林被覆率を測定することで，より大きな単位で集計することができる。

　いくつかのケースでは，これらの集約された単位は任意の方法で定義することができる。多くの分析では，空間データに標準化されたグリッド・セル構造を重ね合わせて，ある単位間の変動を比較している。よく使われているのは，いわゆる PRIO-GRID データで，世界の国土を赤道上で約 55 km × 55 km（緯度 0.5 × 経度 0.5 度）に分割したものである (Tollefsen et al., 2012)。図 1.1 は，インドにおける所得推定値の地理的変動を示したものであり，セルの色が濃いほど所得が高いことを示している。

　正式な管轄区域や既存の国境から分離された地域は，分析に利用される場合がある。たとえば，Michalopoulos & Papaioannou (2013) は，民族多様性の研究において，人為的に生成された「州」の分布を既存の州境をまたぐ分布と比較し，多様性に対して州の形成が与える影響を他の影響と比較して評価している。

　社会科学の分野では，変動を表現するだけでなく，研究者が因果関係を特定しやすそうな潜在的な外生的変動を探すために，地理学や特に空間データへの関心が高まっている (Morgan & Winship, 2014)。分析者の中には，地理的な影響は，研究対象となる現象が起こる前から定着している，または明らかに存在しているため，外生的変動の原因として特に有用であると主張する者もいる。たとえば，Michalopoulos(2012) は，土壌の多様性と標高のデータを民族の多様性の指標として使用しているが，これは，均質な地理的環境

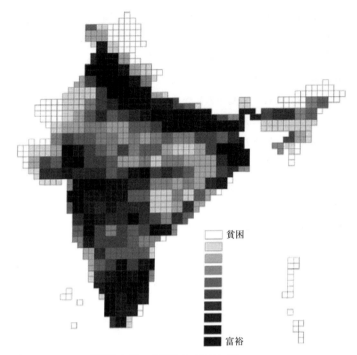

凡例
□ 貧困
■ 富裕

図 1.1 インドの所得推定値の空間分布（1990 年）

出典：Tollefsen et al. (2012, p. 371)

よりも，より大きな変動がある土地では，より多様な民族グループ
が存続できるという仮定に基づいている。また，多くの論争を巻き
起こした論文もある。Ashraf & Galor(2013) は，アフリカから移
動するための行程数の推定値を用いて，（より最近の移動から影響
を受けている可能性のある真の多様性ではなく）初期の多様性を予
測し，経済成長への影響を評価した。

　変動や外生的な影響を調べるために空間データを使用する場合
も，データの空間的な構成は，前節で社会的相互作用を議論したの
と同様の依存関係の問題を提起するだろう。空間的に構成されたデ

ータ（事象，セル，ピクセル，郡，国など）の場合，これらの分析
単位の特性は，空間的な領域に高度にクラスターが形成されている
か，空間的な距離に応じて減少するように変化する。したがって，
観測値間に依存性がないと断言することはしばしば不可能であり，
依存性が高い場合，観測値の見かけの数が有効な数よりもはるかに
少ないことを考慮に入れて分析する必要があろう。そのようなクラ
スタリングは，厄介なものと考えることもできるし，関心のある現
象についてより多くを学ぶためのチャンスであるとも考えられる。
これらの依存性を単に無視することは，意味のある推論を行う上で
大きな代償を課すことになる。空間分析は，その代償を軽減し，社
会的プロセスがどのように相互に関連しているかについての情報を
活用するための一つの方法である。

　次章以降は以下のように構成されている。
　第2章では，地図に焦点を当て，データの表示と収集のメカニ
ズムとしての地図のさまざまな重要な特徴を例示しながら，その歴
史を少し紹介する。第3章では，社会科学で分析される多くのデ
ータの相互依存性について述べる。空間的に依存するデータの分析
に固有の難しさについていくつか説明し，回帰モデルの文脈で空間
的に依存するデータを扱うための一般的な戦略を展開している。第
4章では，空間隣接性を考慮した目的変数をもつモデルについて述
べ，第5章では，空間的に従属関係をもつ誤差項を含むモデルに
焦点を当てている。最後の第6章では，基本モデルを拡張するい
くつかの手法に焦点を当て，接続性の指定，空間 Durbin モデル，
空間時系列モデル，および，空間モデルを数学的に拡張する方法に
ついて説明している。

　各章の例は，社会科学における近年の実例に焦点を当てている。
すべてのコードと必要なデータへのアクセスは，空間分析のための

他の資料とともに，本書のウェブサイト www.srmbook.com[b)]で入手可能である。

[b)]訳注：原著まえがきの訳注 a) も参照してほしい。

第2章

情報を表示する地図

Pomponius Mela の世界地図は Konrad Miller によって作成されたものである（図 2.1 では現代の慣習に合わせて北が上になるように回転させて表示している）。Mela は地理学者で，地球を 2 つの居住可能な領域に分けた。この地図には，ヨーロッパ，アジア，アフリカ北部のごく一部だけが居住可能な地域であるという彼の考えが描かれている。この地図は 1507 年のもので，1898 年に Konrad Miller によって再構築された。しかし，中世でさえ，このような地図は航海には使われていなかった（星によって位置を確認していた）。その代わりに，この地図は世界の中心が何かを示していた。地図は地理ではなく，人間の活動がどのように組織化されているかという情報を表現するために使われてきた。

19 世紀のイギリスの医師で，現在では疫学の父とされる John Snow は，病気などの非地理的な現象について地図を使って空間的な知見を示したとされている。19 世紀半ば，ロンドンはソーホー地区に集中していたコレラの流行に悩まされていた。当時のヨーロッパではコレラが流行しており，目に見えない空気感染によって広がったと考えられていた。Steven Johnson は，1854 年のこの流行病について，John Snow が解決に向けて取り組んだことに焦点を当てた興味深い記述を残している (Johnson, 2006)。

ロンドンの水道は，複数の異なる水道会社の連合体で管理されて

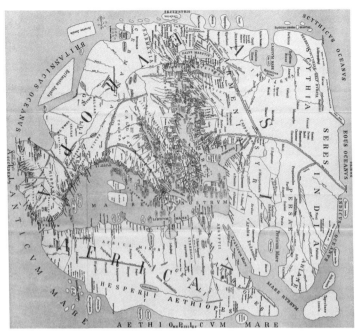

図 2.1　Pomponius Mela の世界地図（1507 年）を Miller が再構成した
もの（1898 年）

おり，テムズ川から得た水をそれぞれの会社が所有する無数の水
道管に汲み上げていた。ロンドンは下水道が十分に整備されてお
らず，地下室やアパートの中庭などの低地には掃き溜めが存在し
ていた。貯水タンクや井戸には，そこから腐敗した水がよく漏れて
いた。Snow は，コレラの原因は，空気中の目に見えない何かにあ
るとは考えていなかったし，当時主流だった労働者階級の個々人の
身体の弱さにあるとも考えていなかった。その代わりに彼は，コレ
ラが流行していた 1854 年の晩夏にソーホー地区で死亡した人の住
所（今日ではジオロケーションと呼ばれている）を特定して地図を

作成した。Snow の地図のデジタルコピーは，本書のウェブサイト
www.srmbook.com で入手可能である。

　Edward Tufte (1992, p.42) は，*The Visual Display of Quanti-
tative Information*（定量的情報の視覚的表示）の中でこのことを
書いており，その中で次の Snow の言葉を引用している。

> ブロード・ストリートのポンプ場の隣に醸造所があるが，醸造所
> の従業員の中にコレラで死亡した者がいないことを知って，私は
> 経営者の Huggins 氏に電話をかけた。彼の話によると，醸造所に
> は 70 人以上の従業員がいて，誰一人としてコレラにかかったこと
> がなく，少なくとも重症化した者はいなかった。Huggins 氏は，
> 労働者には一定量の麦芽酒が許されているが，彼らは水をまった
> く飲まないと考えており，通りのポンプから水を飲んだことはな
> いと確信している。醸造所にはニュー川からの水の他に深い井戸
> がある。

　Snow はこの問題が空気ではなく水にあることを証明したいと感
じた。これは（ソーホーから離れた）ウエスト・エンドの一個人が
ポンプから水を汲みにわざわざブロード・ストリートまで行き，8
月 31 日にはその水を使い切ったという自然実験とも考えられる。
その人はすぐに体調を崩し，翌日コレラで死亡した。Snow による
報告の結果，ブロード・ストリートの水は不潔で危険であると教
区統治評議会を説得することができた。その結果，保護委員会は 9
月 7 日，ついに Snow の説得により，ブロード・ストリート 40 番
地のポンプのハンドルを取り外すことになった。その後まもなく，
流行は収まったが，すでに流行は衰退していたという話もある。こ
れらのデータは，地図作成および疫学のための格好の研究材料に
なっている。これらのデータを**地図**上に視覚的に表示するには，い
くつかの方法がある。1854 年のロンドンでのコレラによる死亡者
の分布の中心は，有名なポンプのあるブロード・ストリート 40 番

地にある。Henry Whitehead 牧師は地元の司祭であり，教区調査
委員会のメンバーだった。彼は当初，Snow に対して批判的だった
が，最終的には Snow の考えを支持するようになった。彼は次のよ
うに述べている。

> ポンプのハンドルを外したことが，すでにコレラの流行が抑えら
> れつつあったこととは関係がないとしても，新たな発生を防ぐた
> めには，おそらく必要だったことは言わずもがなであろう。とあ
> る乳児と同じ台所で寝ていた父親は，ポンプのハンドルが取り外
> されたまさにその日（9 月 8 日）にコレラに感染した。彼の排泄
> 物が掃き溜めから井戸に流れ込んだのは間違いない。しかし，そ
> の時すでに，Snow 博士のおかげで，ハンドルはなくなっていた。
> (Whitehead, 1867, p. 101)

オープンストリートマップには，このプロットのために背景とし
て使用できる地図がある（Google KML の画像を使用することが
できる）。ここでは，ロンドンのソーホー地区内の死亡者とポンプ
のみをプロットしている。図 2.2 の地図のための R コードは本書
のサポートページ[a]にある。

2.1　地理の歴史は政治の歴史

Frederick Ratzel は生物学者として教育を受け，国家を生物と
して捉えるべきだという考えを発展させた。彼は**生存圏** (Leben-
sraum) という言葉を生み出した。北米におけるドイツ文化の影
響を研究した後，ドイツに戻り，最終的にはライプツィヒ大学で
地理学の講座を開設し，学術誌 *Political Geography* を創刊した。
Ratzel の主な思想は，国家は生き物であり，同じ文化的背景をも

---

[a] 訳注：本章のデータおよび R コードは www.srmbook.com の "Maps as
Displays of Information" の項目からダウンロードできる。

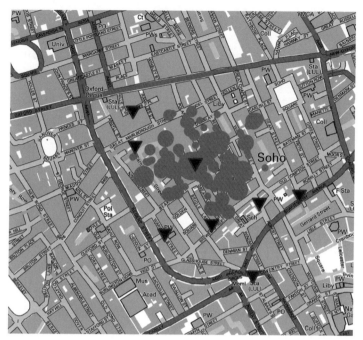

図 2.2 John Snow の 1854 年のコレラ死亡データの現代的な地図（丸は場所別のコレラ死亡者数，三角は公共の給水ポンプの場所を示す）

つ人口の成長に伴って国家も成長するという考えだった。このことは，領土が他の部分の発展とともに成長することを意味し，国家が成長する具体的な方法の一つは，より小さな国家を吸収することであると示している。その結果，国境周辺は，国家の成長と強さを反映する周辺器官となる。国境は固定されたものでも永久的なものでもない。さらに，彼は，国家は政治的に価値のある領土を吸収しようとし，原始的な国家は先進的国家から学びを得るという考えを推進した。このように，Ratzel にとって領土の拡大は伝染するものであり，ひいては国家が生き物のように生きては死んでいくという対立的な世界につながっていくと考えたのである。この考え方の下

で国家を拡大するためには，他の国家を取り込むことで大きく強くならなければならなかった。

　Rudolf Kjellén (1864-1921) は，スウェーデンのイェーテボリ大学の政治学者である。彼は Ratzel の学生であり，**地政学** (geopolitics) という言葉を生み出した。彼は国家を生き物として捉える考え方を発展させ，帝国と民衆の役割を拡張し，民衆について強い人種的な意味合いをもたせた。彼の著作の多くは非常に影響力があり，特に *Die Grossmächte vor und nach dem Weltkriege* はその代表例である。Karl Haushofer (1869-1946) はドイツの将校で，バイエルン州の士官学校で教鞭をとっていた。彼は日本に滞在し，韓国や中国にも旅行した。その後，ミュンヘンで博士号を取得し，ドイツ国防軍の大将にも昇進した。第一次世界大戦後，彼には重要な科学的助手である Rudolph Hess がいた。Hess は，ドイツの外交政策の柱となったジオポリティク (Geopolitik) の概念を生み出したことで知られている。Hess の目標の一つは，第一次世界大戦後にドイツの優位性を回復することであり，彼は彼の考えを第三帝国に持ち込んだのである[1]。

　彼らの地図はすべて，世界が政治的にどのように組織されているのかという考え（理論的な仮説を含む）を提示することを目的としている。多くの自然地理学者にとって，地図とは，A 地点から B 地点に行くためのものであり，途中でどのような地理的特徴を見つけることができるかを示すものである。社会科学者（および多くの人文地理学者）は，地図をデータの表示，そして世界観を示すものとして捉えている。地政学と第三帝国の政治との関係から，第二次世界大戦後の数十年間，学術分野としての地政学は衰退の一途を辿

---

[1] また，Hess は，Haushofer（妻にはユダヤの血が流れていた）とその家族も保護した。Haushofer の息子は，ヒトラー暗殺を企てた一人として逮捕された。

っていたが，最近では特に米国の戦略家の間で地図への関心が高まっている。その理由の一端は，誰のスマートフォンにも地図が組み込まれているからだろう (Barnett, 2004)。

2.2 地図は一般的に 2 次元に投影される

本節では，投影法から始まって，いくつかの簡単な地図の種類について説明する。本書のサポートページでは，これらの地図がどのようにして R で生成できるかを，様々な特殊なライブラリの助けを借りて紹介している。

標準的ないわゆる非投影地図では，緯度と経度は，実際には球体上にあるという事実を無視して，2 次元平面の x 軸と y 軸上の値として表示される。これにより，球面において子午線が非常に近くなる部分が，2 次元平面では等距離になってしまうように，地図の上下の端に近いところでは非常に大きな歪みが生じる。このような画像は，Natural Earth のリポジトリのシェイプファイル（空間データのフォーマット：詳細は後述）を使って簡単に作成できる（Natural Earth は，1/10 万，1/50 万，1/110 万の縮尺で利用可能なパブリックドメインの地図データセットである：http://www.naturalearthdata.com/）。

地図上の −180 度と 180 度の経線が実際には同じ場所にあることに注意する必要がある（図 2.3 の太線）。つまり，投影のために地球が切り開かれている。これにより，シベリアの一部（左上）が残り（右上）から切り離されてみえるが，他の陸地は切り離されていない。世界銀行によると，オーストラリアの面積 (7,741,220 km²) はグリーンランドの面積 (410,540 km²) の 18 倍超だが，地図ではグリーンランドが大きく見えることにも注意してほしい (http://data.worldbank.org/indicator/AG.SRF.TOTL.K2)。図 2.3 は，

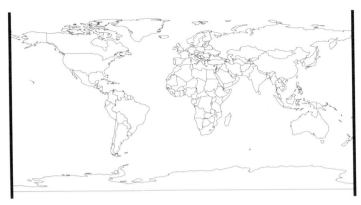

図 2.3　地球の単純な緯度経度を 2 次元に投影したもの（180 と −180 の経線は球面上では同じ位置にあるが，この線で球が切り開かれているため 2 回出現している）

いわゆる非投影 (unprojected) の緯度経度表現の歪みの大きさを示している。グリーンランドは極点に近いので歪んでいるが，オーストラリアは赤道に近いので歪んでいない。しかし，南極点では，南極大陸の大きさが非常に誇張されている。以降，本書に出てくる地図では，南極もグリーンランドも独立した国家ではなく，ここで注目している問題とは無関係なので，データ表示しない。

　図 2.3 はまだ南北の極地ではかなりの歪みがあるが（グリーンランドはまだオーストラリアと同じくらいの大きさに見える），地球を平面的に表現したこの画像の方がわかりやすい見た目であることに注意しよう。ロビンソン投影法は単純な数学的投影ではない。これは 1960 年代初頭に Arthur Robinson によって設計されたもので，緯度を表す平行線上に等間隔で子午線を描く方法を使用している。Robinson は，Rand McNally の依頼を受けて，歪みが少なく，見た目にも楽しい投影法を求めて開発した。Robinson は，エリアの歪みと距離の歪みの間で妥協する反復的なプロセスを用いて

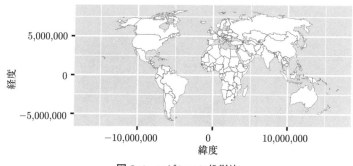

図 **2.4** ロビンソン投影法

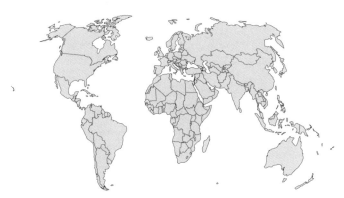

図 **2.5** ウィンケル・トリペル投影法

いる。これは技術的には擬似円柱状投影 (Robinson, 1974) と呼ばれる。

1998年，ナショナルジオグラフィック協会は，ロビンソン投影法をウィンケル・トリペル投影法に置き換え，これが新しい基準となった（図2.5）。ウィンケル・トリペルはロビンソン法よりもアドホックではなく，距離，面積，方角の歪みを3つまとめて最小化することを目的としている。実際には，他の2つの投影，正距

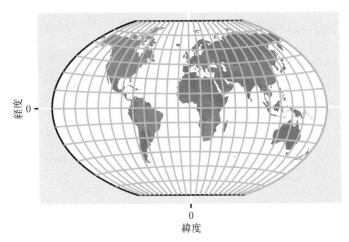

図 2.6　バウンディングボックスとグラティキュールを用いたウィンケル・トリペル投影法

円筒図法といわゆるエイトフ図法（正距方位図法）の間の平均である。これは技術的には，4つの単純な方程式に基づいた，中心から比例して等距離にある点をもつ方位図法である。

　この投影法の緯度と経度は意味をなさないことに注目する必要がある。緯度0度と経度0度の値は認識できるが（この2本の経緯線は変換されないので），その他の値は投影法によって定義された変換された空間の実際の値となる。この点を強調するために緯度と経度を図2.6に含めているが，通常は含めても意味がない[2]。

　ただ地球を表しただけでは，普通はそれほど面白いものではない。社会科学者は，通常，地図に他のデータの表示を加えることに興味をもっている。その例を考えてみよう。Natural Earth のシェ

---

[2]サポートページのコードは，ggplot ライブラリを使ってウィンケル・トリペル投影で世界地図をプロットしている。

イプファイル（後述）のスターターパックと，アーカイブされていないフォルダは，本書のサポートページからダウンロードして利用することができる。まず，考える上で重要なことが 2 つある。1 つはグラティキュールである。これは単に緯度と経度に対応する線の網目状のもので，地理的座標系で使われるグリッドのことである。多くの地図には含まれているが，データ表示として地図を利用するのであれば，これを入れるかどうかは好みの問題である。地図を参照する人が地図製作者や地理学者であれば，あったほうがよいだろう。地図作成者にはしばしば好まれるが，説明の妨げになると感じる人もいるかもしれない。第二の問題は，いわゆるバウンディングボックスである。大きなバウンディングボックスを生成するプログラムもあれば，与えられた画像を囲むことができる最小の矩形，あるいは最小バウンディングボックスという，より数学的な定義を使用するプログラムもある。注目すべきは，使用されている投影法に適合するように，グラティキュールとバウンディングボックスの両方が空間的に変換されなければならないということである。このような変換によって基礎となる空間が変化するため，緯度と経度は，地理座標系を用いて地球上の場所を参照する実際の値とはもはや一致しなくなる。

　ここで，グラティキュール（すなわち，子午線との平行線）とバウンディングボックスを追加して，変換された投影から正しく読み取れるようにしよう。これらのデータベースは Natural Earth のリポジトリにあるので，シェイプファイルを保存しているフォルダにダウンロードする必要がある。次に，図 2.6 のように，spTransform ライブラリを使ってグラティキュールとバウンディングボックスの両方を適切に変更する必要がある。これらの変換を実装し，結果をプロットするコードはサポートページにある。

2.3　ESRIシェイプファイル形式

　シェイプファイルと呼ばれる地図のための特別なファイル形式
は，コンピュータで簡単な地図を作成するのに必要な情報をやり
とりする標準仕様として機能させるために，ESRI社によって作成
された。シェイプファイルは，地図で使用されるベクトルの特徴
（点，線，多角形）を記述したファイルの集合体である。それらは，
コンピュータ言語による描画方法に関する情報と属性をもってい
る。次の拡張子をもつ3つのファイルが必要となる。

- **.shp** 図形の情報
- **.shx** 図形のインデックス情報
- **.dbf** 旧式の dBase IV 形式で表示される属性情報

ただし，次のようなファイルも表示されることがある。

- **.prj** 図形のもつ座標系の定義情報
- **.sbn** または**.sbx** 図形の空間インデックス情報
- **.fbn** または**.fbx** 読み取り専用の図形の空間インデックス情報
- **.ain** テーブル内のアクティブなフィールドの属性インデック
  ス情報
- **.ixs** 読み取り/書き込みできるデータセットのジオコーディン
  グインデックス
- **.mxs** 読み取り/書き込みできるデータセットのジオコーディ
  ングインデックス（ODB 形式）
- **.atx** .dbf ファイルの属性インデックス情報（ArcGIS 8 以降）
- **.shp.xml** XML 形式の地理空間メタデータ
- **.cpg** コードページ（.dbf のみ）
- **.qix** いくつかのソフトウェアで使用される quadtree 空間イ

ンデックス

これらのファイルはすべて1つのディレクトリに存在し，しばしばシェイプファイルと呼ばれる。たとえば，Natural Earth による "1:110m Cultural" のシェイプファイル[b]は以下の通り。

- `ne_110m_admin_0_countries.VERSION.txt`
- `ne_110m_admin_0_pacific_groupings.dbf`
- `ne_110m_admin_0_pacific_groupings.prj`
- `ne_110m_admin_0_pacific_groupings.README.html`
- `ne_110m_admin_0_pacific_groupings.shp`
- `ne_110m_admin_0_pacific_groupings.shx`

2.4 階級区分図が地図の実態を表す

階級区分図（コロプレス・マップ：choropleth maps）とは，地理的な意味での地図ではなく，地図上に色を重ねて情報を表示する方法である[3]。階級区分図自体は19世紀に発明されたもので，1938年，著名な地理学者 John Kirtland Wright によって名付けられたが，当時彼はその使用に反対していた。図2.7は，日本の人口密度を階級区分図で表示した簡単な例である。

基本的な考え方はとてもシンプルで，基本的な属性に応じて地図を色分けする。これは深度図や標高図でもよく知られているが，広い範囲の変数に容易に一般化することができる。しかし，面の描き方には様々な方法がある。単色で表す場合は，色の濃淡を使用して，異なる要素を表示する。分類を表す場合は，値（または特徴）

---

[b] 訳注：`https://www.naturalearthdata.com/downloads/110m-cultural-vectors/` から取得できる。

[3] ギリシャ語語源：$\chi\tilde{\omega}\rho o\varsigma$(colors) ＋ $\pi\lambda\tilde{\eta}\theta o\varsigma$(many)

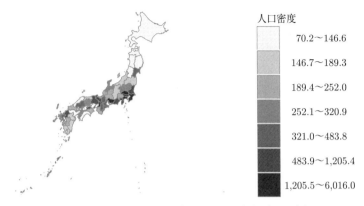

人口密度

70.2〜146.6

146.7〜189.3

189.4〜252.0

252.1〜320.9

321.0〜483.8

483.9〜1,205.4

1,205.5〜6,016.0

図 2.7　日本の1平方キロメートル当たりの人口密度（2012年）

出典：原著者により作成

を一緒にグループ化して，異なる色が割り当てられたクラスを作成する。グラデーションで表す場合は，色の組み合わせを選択するのを助けるために分類のいくつかのフォームたとえば等間隔，四分位 (quantiles)，および統計分布を使用する。これらのどれを選ぶべきかに正しい答えはない。

　階級区分図表示でどの色を選ぶのかは重要である。Cynthia Brewer は，どの色が最適なのかについて多くの研究を行ってきた（ColorBrewer2.org や RColorBrewer を参照）。連続的な配色 (sequential) は，次元に沿って変化する経験的に明確な区切りのないデータに最適である。これはしばしばヒートマップと呼ばれる。異なる2色による配色 (diverging) は，次元に沿ったある点（ゼロなど）に固有の区切り (break) がある場合に最適である。定性的な配色は，単位が異なるという事実以外に，強調されている明確なパターンがない状況を効果的に示す。これらの配色は，特に世界地図上では，隣り合う2つの区画が同じ色をもっていて互いに区別しづらくならないように，地理的に異なる単位に色を付けるためによ

く使われる。採用した配色が見る人を誤解させないように注意しよう。

大原則は，明快さ，明快さ，そして明快さである。邪魔になるものはすべて取り除くことである。地図が説得力のある明確な物語を伝えていることを確認しよう。地図には詳細なテキストラベルがあるべきだが，それらのほとんどを無視しても，地図が語る物語を理解できるようにしよう。

世界銀行が収集した汚染物質のデータ，世界各国の CO_2 排出量(kt) を考えてみよう。これらのデータは，世界銀行のウェブサイトから直接いくつかの方法で簡単に入手することができる。R パッケージの WDI の他に，国際標準化機構が定めた 2 文字のアルファベットによる国の識別子で表された wbstats パッケージがある。これには，アラブ諸国やカリブ諸国など，小国の集まりに関するデータも含まれている。しかし，ほとんどの地図作成の目的では，これらの情報は不要であることが多い。cshapes データベースにはグリーンランドや南極は含まれておらず，2 文字の英数字の国コードも含まれているので，併合するのは簡単である。

図 2.8 で語られている主な物語は何だろうか？　サウジアラビア，中国，インドでは特に汚染がひどい。地図は一つの物語を語るべきだが，さらに多くを語ることができればもっと良いだろう。

2.5　空間データを使って新たな情報を導き出す

多くのプロジェクトでは，研究者は空間データから関心のある新しい変量を導き出したいと考えている。一例として，Stasavage (2011) は，デジタル化された歴史的な地図のコレクションである Euratlas (http://euratlas.com) のポリゴンを使用して，歴史的なヨーロッパの政治単位の地理的規模を測る尺度を導き出した。こ

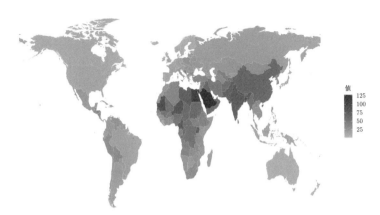

図 2.8　世界銀行 2013 年データによる大気汚染，年間曝露量 (μg/m³) で
測定した地図　　　　　　　　　　　　　　　　出典：原著者により作成

の情報をもとに，小規模な政治組織ほど，協定を監視・執行できる
参加型機関の出現に対する障壁が少ないため，公的な信用を得る能
力が高いという議論を評価するのである。

　多くの場合，研究者は空間データを他の分析単位に再スケールし
たり，異なるタイプや解像度の異なる空間データソースからの情
報を組み合わせたりしたいと考えている。重要な操作は，地理的デ
ータの異なるレイヤーを重ね合わせて，それらの間の関係を研究
する，いわゆる空間オーバーレイである。このようなオーバーレイ
は，別のデータソースの特定の単位の上にある特徴のカウントや尺
度などの量を抽出するために使用することができる。

　オーバーレイ操作を説明するために，ボスニア・ヘルツェゴビナ
内戦における民族地理と紛争の関係を分析する Weidmann (2011)
の分析単位（多角形ポリゴン）と，Raleigh et al.(2010) で述べら
れている Armed Conflict and Location Event Data (ACLED) の
紛争イベントに関する点データを用いて，いくつかの例を検討す

図 2.9　ボスニア・ヘルツェゴビナの紛争イベント（いくつかのイベント
は，生の ACLED データでは国外で発生したものとして符号化されてい
る）
　　　　　　　　　　　　　　　　　　　　　　　　出典：原著者により作成

る。地域紛争の発生率を測るための有用な指標は，各対象領域内で
発生したイベントの数であり，単純なオーバーレイ分析で行うこと
ができる。以下の解析を再現するための R コードはサポートサイ
トから取得できる。これらの指標の地図を図 2.9 と図 2.10 に示す。
　同様の操作は，ラスターデータやグリッドでも行うことができ
る。多くの人は，より険しい地形の地域では紛争が起りやすいと
主張してきた。たとえば，Collier & Hoeffler (2004) や Fearon &
Laitin (2003) を参照してほしいが，より懐疑的な見方としては，
Pickering (2011) も参照してほしい。Weidmann (2011) はボスニ
アの標高のラスター画像を提供している。地表の起伏を表す簡単な

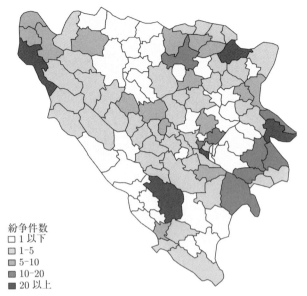

図 2.10　ボスニア・ヘルツェゴビナにおける紛争イベントの自治体別集計結果（ボスニア・ヘルツェゴビナ外のイベントは，自治体内には含まれないため，集計には含まれていない）　　　　　　　出典：原著者により作成

指標として，この画像を自治体のデータに合わせて，各単位の標高の標準偏差を見ることができる（図 2.11 参照）。これは理想的な尺度ではないが，より詳細な議論は Pickering (2012) を参照してほしい。上記の尺度で最も起伏が激しい自治体（ヤブラニツァ）は，1943 年のネレトヴァの戦いでティトが重要な襲撃を行った場所であるが，地形と紛争の数との間には明確な相関関係は見られない。ユーゴスラビア解体後の内戦中のイベントの解析のための R コードはサポートページにある。

　空間データに対しては，ポリゴンの分割やポリゴン間の情報の分配など，より複雑な操作が可能である。一般的に，解像度に関する

ヤブラニツァ

図 2.11 ボスニア・ヘルツェゴビナの紛争状況を標高とともにプロットしたもの

出典：原著者により作成

制約を考えると，集約 (aggregation) は通常，逆の分解よりも簡単である。Bivand et al.(2013) は，R の空間データの操作についてより詳細な説明を提供している。

2.6　点描

　点描 (pointillism) は 19 世紀後半に Georges Seurat によって開発された技法で，絵の具で物理的に色を混ぜ合わせるのではなく，視覚的に色を混ぜ合わせるためのものである。しかし，このアイデアは，18 世紀にフランスのフランシスコ会の修道士によって作られた地図の中ですでに使われていた。データの微妙な差異をよ

り強く示すことができるため，Bill Rankin はそれぞれの地域に対して多数派の値をもとに色を割り当てることは，誤解を招く可能性があると指摘している (https://www.youtube.com/watch?v=8pRcdMVkA3k)。これは，座標補正 (geocoded) されているデータについて，フランスの友人間での挨拶のキスの回数など，同じ地域でも異なる特徴がある場合に特に重要となる。これらの点描法は，Bill Rankin の発想と努力のおかげで一般的に認められるようになった。ニューヨーク・タイムズ紙では，点描がある種のデータ表示のデファクトスタンダードとなっている。これらの地図に点描を施すことは，データ表示にニュアンスを加えるのに最適な方法であり，特に分離と統合の描写に優れている。ニューヨークにおける人種の多様性を表すのに適した地図は，オスロの地図に用いてもおそらくつまらないだろう。フランスで友人に会ったとき，何回挨拶のキスをするだろうか？　カテゴリーごとの点描着色は，各地域がその平均値だけではない，多様性を表現するのに最適な方法である。

2.7　カルトグラムは情報の描写にも役立つ

　地理に適合しない地図は，地図のひずみと言われることがある。これは単に，地図の縮尺を他の変数に対応するように変えていることを意味しており，地図の背景にある地理との関連性が疎かになっているだけである。カルトグラムは昔から用いられていたが，1973 年に Waldo Tobler によって現代的な社会科学に導入された (Tobler, 2004)。最近の発展により，さらに一般的になってきている。最も注目すべきは，2004 年の Michael Gastner と Mark Newman による，2004 年，2008 年，2012 年の米国大統領選挙の分析である (http://www-personal.umich.edu/~mejn/election/2012/)。Gastner と Newman は Tobler の基本的な伸縮自在の地図のアイデ

アを更新し，衛星画像からの人口情報と米国の伸縮自在な地理学 (elastic geography) を組み合わせた近代的なカルトグラムのアイデアを導入した。彼らは，大統領選挙の投票総数を加えることで，これを階級区分図にしたのである。https://www.viewsoftheworld. net から取得した，2015 年のヨーロッパの政治難民のカルトグラムを図 2.12 に示す。

　地図は，定量的なデータを表示するための創造的な方法を提供する。人間はパターンが存在しない場所でも，パターンを認識するのが得意である。多くの場合，ここで統計学の出番となる。しかし，発見的で探索的なモデルでは，データについて知っておくべきことはすべて知っておいた方が望ましい。数値情報の密度の高い表は，読み取るのに時間がかかるが，多くの情報を得ることができる。一方グラフィカルな表示は，パターンを視覚的に素早く発見できるようにする補助的な方法を提供する。しかし，グラフィカルな手法は，興味深い現象のもっともらしい説明の文脈の中で使われることが重要である。最近の研究では，代表的な手法の提供だけでなく，根拠や定量的な資料を慎重に表示することの重要性が示されている (Cleveland, 1993; Tufte, 1990, 1992, 1997; Wainer, 2004)。一つの指針となる原則は，表示方法が，展開されている説明のための物語と強い関係をもつ必要があるということである。受け取り手は，表示された地図を比較するための参考となる地図を持っているので，地図は有用である。さらに，地図は多次元データを（レイヤーや色で）直感的に理解しやすい形で表示する方法を提供してくれる。

欧州の亡命

2015 年に欧州連合での亡命申請書の
提出総数：1,321,560
50,000 件以上の申請があった国には
地図上に名前を表示

Sweden
162,450

Germany
476,510

Hungary
177,135

France
75,750

Austria
88,160

Italy
84,085

欧州連合の国は，2015 年の国際的な保護の
申請者数，またはその家族として含まれる
人数でリサイズしている。

人口 100 万人あたり
亡命申請者数
■ 15,000 以上
■ 10,000～15,000 未満
■ 5,000～10,000 未満
■ 1,000～5,000 未満
□ 1,000 以下

欧州連合の国を総人口でリサイズ；
色は人口あたりの亡命申請件数

図 2.12　ヨーロッパにおける亡命者数のカルトグラム

出典：Benjamin Hennig 氏（www.viewsoftheworld.net/?p=4777）作成の地
図。データは Eurostat（2015）および独自の計算による。

第3章

観測値の相互依存性

3.1 相互依存性と社会科学

本章では，研究者が観測値 (observations) 間の依存性を考慮し，空間的にクラスター化された現象を扱う際に，**空間**分析による考察がどのように役立つかを検討する。**空間**という言葉は，この文脈では広い意味をもつ。一方では，空間は従来の地理的な距離を指すこともある。同時に，空間の概念を，観測値が接続されうる無数の方法にまで拡張することもできる。これには，地理的な近さだけで定義されたネットワークを超えた社会的な接続性の形が含まれる。社会的という言葉は，取引，先人たちの遺産，伝統，その他の経済的，政治的生活の多くの側面で定義することができる。

特に，本章では，（空間的に）従属する観測値をもつ2つの重要な回帰モデルに焦点を当てる。まず，1つの目的変数の観測値が他の接続された観測値に直接影響を与えるような，空間的に隣接した (spatially lagged) 目的変数がある状況に関するモデルである。次に，誤差が空間的に関連している回帰モデルに焦点を当てる。我々は，より多くの興味深い空間モデリングの視点があることを認識している。本書は，これらを網羅的に調べた結果を示すことを意図したのではなく，むしろ空間的に隣接した目的変数をもつモデルや，空間的に相関した誤差項をもつモデルを紹介するための本である。

最近まで社会科学における実証的な文献の多くにおいて無視されてきたこれらのアプローチが，社会科学における実証的な研究に役立つ可能性がある。

　このようなタイプのモデルによって，ある観測値が他の近い距離にある観測値に与える影響を調べることができるようになる。これは，基本原則からだけでなく，多くの社会現象が空間的に「クラスター化」されているという単純な事実からも重要であると考えられる。

　要するに，社会科学の各分野には，単位が郡，都市，州，国，企業であろうと個人であろうと，空間的な雛形上に組織されたデータを用いる研究が実際に無数に存在するのである。これらの単位の特性は，特定の空間領域に高度に集中していることである。これらの応用研究の多くでは，観測値間に依存性があると仮定するのは妥当である。実際には，これらのクラスター化は一般的に無視されるか，または面倒なものとして扱われる。依存関係を無視すれば，研究プロセスに対して意味のある推論を導く能力に大きな代償を課すことになる。空間分析は，この代償を軽減し，社会的プロセスがどのように相互に関連しているかについての情報を活用する一つの方法を提供している。次に，社会科学の重要な分野，すなわち民主化の研究において，この分析がどのように機能するのかについて，簡単な例を挙げてみよう。

3.2　世界の民主主義

　議論のために，観測値が互いに空間的に無相関である可能性が低いデータの簡単な例を取り上げる。社会科学者は，ある国が民主主義である理由とそうでない理由を説明できるのかという疑問に長い間関心をもってきた。Lipset (1959) による初期の影響力のある

論説では，民主的な統治には一定の社会的要件があることが示唆されている。Lipset は，より民主的な国ほど平均的な所得がかなり高くなる傾向があると指摘している（後述）。その後 40 年以上にわたって比較分析の礎となってきたこの議論は，平均所得が高い社会ほど民主的な制度をもつ可能性が高いことを示唆している。表3.1 は，2014 年から 2015 年のいくつかの国の一人当たりの国内総生産 (GDP) と民主主義のレベルに関するデータの一部を示している。

　ここでの民主主義の指標はいわゆる政治指標 (polity index) であり，一連の制度的基準に基づいて国を分類している。この指標の範囲は −10 から 10 で，最も民主的な社会を 10 とする。Gleditsch & Ward (1997) では，民主的な社会の構築について詳細に説明されている。この表では，変数間の単純なパターンを見やすくするために，一人当たり GDP と民主主義指標について並べ替えている。見てわかるように，デンマークのようないくつかの裕福な社会は確かに民主主義国であるが，シエラレオネや北朝鮮のような GDP の低い国は独裁国家である。興味深いことに，Lipset は，1959 年時点でオーストラリア，ベルギー，カナダ，デンマーク，アイルランド，ルクセンブルク，オランダ，ニュージーランド，ノルウェー，スウェーデン，スイス，英国，米国がヨーロッパと南北アメリカの「安定した民主主義国」のリストを構成していることを示唆している。1959 年の不安定な民主主義国と独裁国には，オーストリア，フィンランド，フランス，西ドイツ，イタリア，スペインが含まれていた。これらの国はすべて現在では民主主義国であり，一般的には他のリストの国と比べても安定していると考えられている。一人当たり GDP が低い国などで，富と民主主義の間には一般的な強い関係があるのだろうか。インドは平均国民所得が低いにもかかわらず民主的であり，最近では高い成長率を示しているが，経済協力開

表 3.1　民主主義データ（PITF：2015 年）と一人当たりの GDP（対数）
（WB：2014 年）

国	政治指標値	一人当たり GDP
ルクセンブルク	10	11.67
ノルウェー	10	11.48
カタール	−10	11.46
スイス	10	11.36
オーストラリア	10	11.03
デンマーク	10	11.02
スウェーデン	10	10.99
シンガポール	−2	10.93
アイルランド	10	10.92
米国	10	10.91
ブルンジ	−1	5.66
中央アフリカ共和国	−10	5.87
マラウイ	6	5.89
ニジェール	6	6.07
コンゴ	5	6.08
ガンビア	−5	6.09
マダガスカル	6	6.12
リベリア	6	6.13
ギニア	4	6.29
ソマリア	5	6.29

注)一人当たりの国内総生産 (GDP) の上位 10 カ国と
下位 10 カ国を示す

発機構 (OECD) 諸国の水準をはるかに下回っている。同時に，中
東には比較的高所得の独裁国家が多く存在していることも無視で
きず，Lipset の主張と矛盾しているように思われる。この関係を
より一般的に評価するために，我々は体系的な比較分析に目を向け
る。

　Lipset(1959) やその他多くの研究に続く，民主主義についての
実証的な比較研究では，民主主義を一人当たり GDP の自然対数の

表 3.2　一人当たり GDP（対数）に関する政治指標値の OLS 回帰

	$\hat{\beta}$	$\sigma_{\hat{\beta}}$	t 値	$\Pr(>|t|)$
切片	−5.70	2.88	−1.98	0.05
GDP	1.14	0.33	3.44	0.00

線形関数として考えるのが一般的である。ここでは，ある国の民主主義のレベルを政治指標値で測定し，仮定した通常の最小二乗 (OLS) 回帰を用いて，一人当たりの GDP から算出する。

$$政治指標値 = \beta_0 + \beta_1 \ln(一人当たり GDP) + \epsilon \tag{3.1}$$

政治指標値の一人当たり GDP に対する線形回帰の推定値を表 3.2 に示す。一人当たり GDP の正の係数は，民主主義と所得の間の正の関係を示しているが，変数尺度を考慮に入れると，推定された実質的な影響は比較的小さくなる。

具体的に，この線形モデルでは，ブルンジの一人当たり GDP（2014 年は 287 ドル）に対する国の民主化スコアは約 1 と予測される。一方，一人当たり GDP が 2038 ドルのウズベキスタンの民主化スコアは約 3 と予測される[a]。多くのアナリストにとって，この政治指標民主化指数では，1 と 3 は同程度のスコアと考えられている。このように，一人当たり GDP の対数に対する推定係数が統計的に有意であるにもかかわらず，所得の差が民主化度に与える影響はそれほど大きくないように思われる[1]。

図 3.1 は，線形効果の推定精度が高いにもかかわらず，推定された OLS の式は，一般的にデータの実際の値からはかけ離れた民主

---

[a]訳注：−5.70 + 1.14 ln(2038) ≒ 3.0

[1]異なる推論の枠組みがあることは認識しているが，入門的な本書では，主に推定係数と標本標準誤差の古典的な解釈のみを扱う。この段落の分析では，これらの推定値の不確実性は考慮していない。

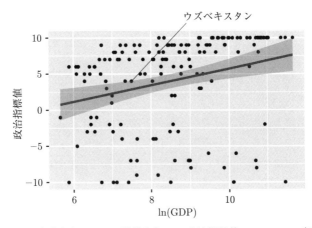

図 3.1 一人当たり GDP の関数としての政治指標値，2014-2015 年（通常の OLS 回帰線で，回帰標準誤差を灰色の帯で示した）

出典：原著者により作成

主義レベルを予測していることを示している。実際の観測値のうちの 20 分の 1 だけが回帰直線の標準誤差の範囲内に収まっている。富の民主化への推定された影響は小さい。ウズベキスタンのような貧しい国 ($\ln(2038) = 7.6$) では，一人当たりの GDP が 2 倍以上 ($\ln(4076) = 8.3$) になっても民主化への影響は小さい[b]。これらの残差を標準的に分析すると，ほとんどの場合，モデルの平均予測値が，実際の平均値よりも 2 ポイント以上高いという意味で，この図からの印象としてはよく推定できているようには見えない。実際のデータの平均値は，このモデルが実際に政治指標値を大幅に過大予測していることを示唆している。

図 3.2 は，表 3.2 の線形モデルから観測された残差の正規分布下での期待される分位数 (quantile) に対する QQ プロットである。図 3.2 から，推定された回帰直線または一般的な傾向の周りには，

---

[b]訳注：GDP が 2 倍になっても $-5.70 + 1.14 \ln(2038 \times 2) \fallingdotseq 3.8$ と，もとの 3.0 からあまり変化しない。

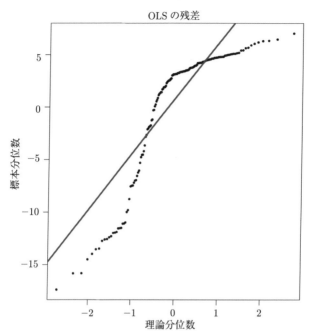

図 3.2 一人当たり GDP 対数値の OLS 回帰からの政治指標残差の正規性に関する QQ プロット（正規分布の残差は灰色の実線のようになる。実際に得られた結果は点で示されており、正規分布からはるかに離れている）。

出典：原著者により作成

実質的な変動のパターンがあるように見える。しかし，これらの残差は，観測値が相互に依存するように編成されているのだろうか？図 3.2 と図 3.3 の密度プロットは，残差が正規分布に従っていないことを，説得力をもって示している。誤差分布は，図 3.3 の黒線で示され，大きすぎる裾野があり，かなり右に偏っている。この例では，表 3.2 で報告された OLS 回帰からの残差の分布に問題があることは明らかである。線形回帰は正規性からの逸脱に対して比較的頑健であり，有意性検定は標準誤差の別の推定値によって調整で

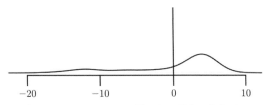

図 3.3　一人当たり GDP の OLS 回帰からの残差の密度プロット（横軸：政治指標値）　　　　　　　　　　　　　　　　出典：原著者により作成

きる (Lumley et al., 2002) が，モデルの基本的な適合性の欠如は，モデル自体が信頼できるかどうかという問題を提起している。これらの残差は，基礎となるモデルが民主主義と経済生産との関係を捉えていないことを示唆している。これは，データ間，特に類似した値のクラスターにおける依存関係の結果である可能性もある。たとえば，そのような結果を生み出すような方法で，各国が一人当たり GDP 以外の変数から相互に影響を及ぼしている可能性がある。

3.3　空間依存性の導入

　これらの結果を説明するための一つの可能性として，それぞれの国の特性に加えて，ある国の民主化の見込みは，隣国の民主化の見込みとは無関係ではないということが考えられる。冷戦時代には，ソ連の介入により東欧の多くの国で社会主義的な支配が強行された。さらに，中南米の多くの国における民主化は，他の国のプロセスに影響を受けているように見える (Gleditsch & Ward, 2006)。アルファベット順に整理されたデータを見ると，一人当たり GDP から予想する以上，近隣に似たような政治体制や資金力の地域があるのかどうかを簡単に特定することは難しい。また，比較のための特徴的な情報を整理しても，様々なパターンを特定するためには慎

重な分析研究が必要であろう。

　探索的に，空間的（または空間に類する）クラスターを調べることは様々な状況において重要であり，関連性が明示されなければ見落とされてしまうような社会的相互作用の側面を明らかにできるかもしれない。未発見のクラスターは，我々が理解していると思っているモデルの一部で実際に何が起っているかについての我々の理解を深める。空間的な相関関係を考慮に入れる方法の検討に移る前に，なぜ空間的な相関関係を考慮に入れることが重要なのかをもう少し説明する。

　分析者が単に平均を比較し，平均値の差の検定などの古典的な統計検定を構築したい場合でも，データが空間的に相関している場合は問題が生じる。次のように定義された変数 y での 1 標本の t 検定を考えてみよう。

$$t = \frac{\frac{1}{n}\sum_{i=1}^{n} y_i}{\sigma/\sqrt{n}}$$

時間的または空間的に互いに近い観測値の間に相関がある場合（1次系列相関），実際の標準誤差は，系列相関が正の場合にはより大きく（負の場合にはより小さく）なる。研究者は，経時的な系列相関をもつ観測値の問題に関心をもつことが多いが，同じ時点での観測値間の系列相関に同じ問題が適用されるという事実を無視することが多い。分散の未調整推定値を使用すると，必要以上に大きい t 値をもつことになる。これは，空間自己相関が小さく，多数の観測値がある状況でさえ，タイプ I エラーを起す可能性を増加させる。

　要するに古典的な検定は，観測値間の系列的で，空間的な相関のために，どんな理由であれ，たとえ真でない仮説であっても，その実質的な解釈を受容するという点で偏っている。データが観測値間の距離に反比例するような空間的な依存関係をもつと仮定すると，

相関係数 ρ は 1 次空間相関を表す。この相関は，いくつかの測定
された属性について，類似した隣接する観測値がどれだけあるかを
測定する。この相関の結果として，データの真の標準誤差は，およ
そ次のように与えられる。

$$\sigma_{\bar{y}} \approx \sqrt{\frac{1+\rho}{1-\rho}} \frac{\sigma}{\sqrt{n}}$$

　空間相関の影響を理解するための簡単な例として，n 個の観測
された変数 $y_1, y_2, \ldots, y_{n-1}, y_n$ について考えてみよう。多くの状
況では，これらの観測値が互いに独立していて，それぞれが典型
的に未知の平均 μ と分散 σ^2 の正規分布から，同じように分布して
いると考える。μ の典型的な推定値は

$$\bar{y} = \sum_{i=1}^{n} \frac{y_i}{n}$$

観測値が正規分布から生じると考えられるので，推定値 $\bar{y}$ は y と
σ に依存する。95% 信頼区間は $[\bar{y} - (1.96\sigma/\sqrt{n}),\ \bar{y} + (1.96\sigma/\sqrt{n})]$
となる。y_i と y_j の間に空間的な相関があるとき，その相関が強い
ほど y_i と y_j は互いに空間的に近くなる。Cressie (1993, p.14) が
示すように，ρ が正のときの共分散は

$$\mathrm{cov}(y_i, y_j) = \sigma^2 \times \rho^{|i-j|} \tag{3.2}$$

であり[c]，分散は

$$\mathrm{var}\,(\bar{y}) = n^{-2} \left\{ \sum_{i=1}^{n} \sum_{j=1}^{n} \mathrm{cov}\,(y_i, y_j) \right\} \tag{3.3}$$

となり，拡張すると

---

[c]訳注：1 次の自己回帰プロセスの場合，一般には式 (3.3) でわかるように目
　的変数間に正の相関があれば $\bar{y}$ の分散は大きくなる。

$$\mathrm{var}(\bar{y}) = \left\{ \frac{\sigma^2}{n} \right\} \left[1 + 2 \left\{ \frac{\rho}{1-\rho} \right\} \left\{ 1 - \frac{1}{n} \right\} - 2 \left\{ \frac{\rho}{1-\rho} \right\}^2 \frac{1-\rho^{n-1}}{n} \right]$$

となる。この因子 $\left[1 + 2 \left\{ \frac{\rho}{1-\rho} \right\} \left\{ 1 - \frac{1}{n} \right\} - 2 \left\{ \frac{\rho}{1-\rho} \right\}^2 \frac{1-\rho^{n-1}}{n} \right]$ は本質的に，大規模な標本サイズでも消えることのない，空間相関によって課される観測数に対する割引 (discount) である。

（Cressie の例のような）$n = 10$ と $\rho = 0.26$ の場合，割引は約 40% である。これは，10 個の空間的に相関した観測値が，約 6 個の独立した観測値と同じ精度をもつことを意味する。これは，空間的相関を無視することによって，観測値に正の空間的相関があるときに，あまりにも小さすぎる信頼区間の値を導くことを示唆している。一般的に，空間依存性を無視することは，データの真の分散を過小評価する傾向がある。したがって，GDP に関する 158 個の観測値の標本について，正規性の仮定の下での 95% 信頼区間は $\pm 1.96 \times \sigma/\sqrt{n}$ になるが，0.65 の空間的相関があった場合，上の例から GDP に対する $\hat{\rho}$ の実際の値を計算すると，正しい信頼区間は 1.96 ではなく約 4.22 となり，区間幅は 2 倍以上になる。民主主義レベルの場合，$\hat{\rho}$ は 0.47 であり，95% 信頼区間は $\pm 3.26 \times \sigma/\sqrt{n}$ となり，70% 近く広くなっている[2]。

空間的相関の形態が異なる場合は，異なる具体的な調整が必要になるかもしれない。しかし一般的には，正の空間的相関がある場合は，標本平均の精度が低くなる。その結果，帰無仮説が真であっても棄却されることが多い。基礎となるデータが空間的に（相互に）従属している場合，独立で同一に分布する iid 標本で良好に機能す

---

[2] 平均値であっても，最小不偏推定量ですら，次のような相関のある観測値の値 $\hat{\mu} = \frac{[y_1 + (1-\rho) \sum_{i=2}^{n-1} y_i + y_n]}{[n - (n-2)\rho]}$ を無視してはならないと，Grenander(1954) は記している。

る統計的検定に頼るのは賢明ではない。Schabenberger & Gotway (2005) は，異なるサイズで自己相関のレベルが異なる標本における最小二乗推定値の相対的な超過変動を例示している。$\rho > 0$ の場合，この超過変動は n とともに上昇し，$\rho = 0.9$ の場合，標本サイズ 50 に近づくと，超過変動は約 14 になる。重要な点は，空間的に相関したデータが，iid データのために設計された統計的検定でかなりの混乱を引き起こし，標準的な検定が変動を過小評価しているため，帰無仮説が棄却されやすくなるということである。

　中南米では，一人当たりの GDP に大きな差があるにもかかわらず，2015 年にはほとんどの国が民主主義国となっている。それに比べて中東のほとんどの国は，一人当たり GDP が世界平均を常に上回っているにもかかわらず，独裁的である。実際，これらの属性を地図に落とし込むと，民主主義と一人当たり GDP の両方に空間的なクラスターが見られる。多くの場合，地図への可視化によって，表形式のデータを見ただけではわからなかったデータの構造が明らかになる。

　世界各地の政権タイプのクラスター化について，この表示方法によって，中東や東南アジアでは民主化の水準が低いが，中南米，ヨーロッパ，北米では民主化の水準が高いことがわかるだろう。

3.4　空間的な関連性と相関の測定

　残念なことに，データに含まれるパターンが見落とされてしまうのと同じように，人間は実際には何もないにもかかわらず何かしらの構造を巧みに見出すことがある。そのため観測値が，空間的にクラスター化されているかどうか，または観測値間の結びつきによって関連しているかどうかを評価する，より形式化された方法があると便利となる。次節では，形式化された探索的な手法に目を向け

る。

　しかし，そのような関連性を探索するには，どの観測値が互いに関連している可能性が高いかについて，前もっていくつかのアイデアをもっておく必要がある。n 個の区画（単位）の集合では，各観測値 y_i はとりうる $n-1$ 個のすべての単位に関連している可能性があるが，実際には，いくつかの相互作用や結びつきが他のものよりも重要であると想定できるとする。我々が興味をもっている単位間のネットワークや構造は，一般的には，観測値間の依存性を分析する前に指定する。ここで探索する手法は，通常，接続された観測値間の関係のグラフまたはリスト L から始める。多くの目的のために，観測値間の接続性を表現するために行列を使用することが実用的である。たとえば，個々の観測値間の接続性を指定する 2 値行列 $\mathbf{C}$ を定義することができる。2 つの観測値 i と j が接続されている場合は成分 $c_{ij} = 1$ となり，接続されていない場合は $c_{ij} = 0$ となる。

　空間的な関連性や相関関係を測定する基本的な考え方を Hubert et al. (1981) に従って示すことができる。それは，空間的な近さの指標とある特定の属性に関する値の類似性の指標とを掛け合わせた交差積和統計量の考え方である。S_{ij} を 2 つの観測値 i と j の空間的な近さの尺度，U_{ij} を関心のあるいくつかの基礎となる変数での類似度とする。交差積和統計量 (cross-product statistic)[3] は次の一般的な形式となる。

$$\sum_{i=1}^{n}\sum_{j\neq i}S_{ij}U_{ij}$$

類似度 U_{ij} を元の変数の平均で基準化された交差積（たとえば

---

[3]空間点過程の文脈では，類似の属性をもつ隣接点の数を計算するため，同時計数統計量 (joint-count statistics) と呼ばれることもある。

$(y_i - \bar{y})(y_j - \bar{y})$ として定義すれば，適切にスケーリングしたすべての観測値にわたるこの積の総和が，Moran の $\mathcal{I}$ 統計量として知られている空間的相関を表す尺度となる。U_{ij} を $(y_i - y_j)^2$ のような差の二乗として定義すれば，Geary の $\mathcal{C}$ 統計量が得られる。本書では主に Moran の $\mathcal{I}$ 統計量に焦点を当てる。

　たとえば，民主主義指標の場合，空間的な関連性は，国境どうしが互いに 200 km 以内にあるかどうかなどの空間的な尺度によって，それぞれの国がどれだけ近いかの尺度と，調査したそれぞれの国の民主主義指標の類似性の尺度とを結合することになる。これらの統計量は，空間的なパターンを識別するための発見的な道具として有用である。おそらく，これらの統計量は，説明されていない（残っている）空間的なパターンなど存在しないと考えられるモデリングにおいて，残差を調べるために最も有用である。

　そのような相関関係を正しく評価するには，まずデータ間の相互依存性を特定することである。つまり，どの観測値が互いに隣接しているかのリストを作成する必要がある[4]。これは重要なステップであるが，ここでは簡単に説明する。関連性は，上記のように，首都間の距離などの物理的な距離によって定義されるかもしれない。しかし，道路，鉄道，水路，航空会社などの交通網の密度など，他の移動手段の方が，特定の状況下でのつながりをよりよく表す指標となるかもしれない。同様に，首都間距離の代わりに，たとえば隣国間の国境の長さを，隣国間の交流機会の指標として用いることもある。

---

[4] 空間的に整理されたデータには，様々な種類がある。私たちが対象にするデータは，しばしば「面データ」と呼ばれるものや（不規則な）「格子データ」（野外実験で用いられる格子に由来する）と呼ばれるものである。これらの用語にはそれぞれ問題があり，本書ではこれらを**地域**データと表記する。個々の点を明示的に扱うアプローチは本書では検討しない。

Weidmann et al. (2010) は，1946 年までさかのぼって，世界の
すべての国のシェイプファイルをもつデータベースと R パッケー
ジ (cshapes) を開発した。これは非常に柔軟性の高い R パッケー
ジで，国と日付のセットを選択すれば，適切なシェイプファイルが
得られる (Weidmann & Gleditsch, 2015)。同時に，選択された国
のセットに対する距離行列を指定することができる。このパッケー
ジでは，与えられたデータに対して，首都間距離，中心地点間の距
離，ポリゴン間の最小距離などの様々なタイプの距離行列を計算す
ることができる。

いくつかの国からなるサブセットは，表 3.3 と表 3.4 のようにリ
ストまたは行列で表現される。多くのコンピュータプログラムで
は，ゼロでない要素のみを記録することにより効率的な情報の保存
が可能になるため，大きな行列はリストとして保存する。実際，小
さなサブセットについては，空間的特徴を導出して，接続のリスト
として記録する方がおそらく容易である。それぞれのリストから
は，行と列に沿って観測値と行列の内部の連結を表す正方行列に簡
単に変換できる。行列表現は，空間構造と変動を反映した特定の変
数や尺度を定義するのにも有用である。表 3.3 と表 3.4 は，接続性
データのセットをそれぞれリストと 2 値行列 C で表している。

これらのデータは，図 3.4 のように単純なネットワーク・グラフ
として表現することもできる。このようなグラフはわかりやすい
が，ノード数が多いとすぐに混雑して読み取りづらくなる。195 カ
国間の連結を示したネットワークマップを見ると，多くの国が多
数の隣接性をもち，混雑していることがわかる（図 3.5）。ロシア
と中国はともに，（200 km 未満の距離で）19 カ国と隣接している。
このような視覚的なネットワーク表現は，ある種のデータセット，
特に小さいまたは非常に大きいデータセットを調べるのに有効な方
法かもしれない。

表 3.3　欧州 8 カ国の隣接性のリスト

国	隣接
デンマーク	ドイツ，ノルウェー，スウェーデン
フィンランド	ノルウェー，スウェーデン
フランス	ドイツ，イタリア，英国
ドイツ	デンマーク，フランス，イタリア，スウェーデン
イタリア	フランス，ドイツ
ノルウェー	デンマーク，フィンランド，スウェーデン
スウェーデン	デンマーク，フィンランド，ドイツ，ノルウェー
英国	フランス

表 3.4　欧州 8 カ国の接続性の行列表現 **C**

	デンマーク	フィンランド	フランス	ドイツ	イタリア	ノルウェー	スウェーデン	英国
デンマーク	0	0	0	1	0	1	1	0
フィンランド	0	0	0	0	0	1	1	0
フランス	0	0	0	1	1	0	0	1
ドイツ	1	0	1	0	1	0	1	0
イタリア	0	0	1	1	0	0	0	0
ノルウェー	1	1	0	0	0	0	1	0
スウェーデン	1	1	0	1	0	1	0	0
英国	0	0	1	0	0	0	0	0

　リスト L または接続行列 **C** で指定された観測値間の潜在的な接続ネットワークがあるとき，関心のある変数（ここでは y と表記する）の値が，接続または隣接する観測値の間で類似しているかどうかを調べることができる。このための方法の 1 つは，2 つの隣接した観測値 y_i と y_j が互いに類似している傾向，たとえば，y_i が大きい（または小さい）ときに y_j も同様に大きい（または小さい）傾向にあるかどうかを確認することである。しかし，通常 y_i は多くの観測値と接続されており，隣接する多くの観測値に類似していない限り，空間的なクラスターは形成されない。接続された観測

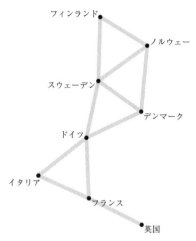

図 3.4 欧州 8 カ国間の連結を単純に可視化したネットワーク

出典：原著者により作成

値に関する情報を結合するために，我々は通常，すべての接続性が等しい重みをもち，それぞれの重みが接続性の総数に対して 1 に比例すると仮定する。**空間隣接性** (spatial lag) を得る主な目的は，隣接する地域に存在する平均値を導出することである。米国に隣接する国に存在する民主主義指標の平均値は？　ガーナに隣接する国の一人当たり GDP の平均値は？　これらの隣接する観測値の平均は，民主主義や一人当たり GDP に関する各国独自のスコアと相関しているのだろうか？　本書では，これを測定するための発見的な統計量，すなわち空間相関を測定する統計量を提示する。研究者が変数間の相関行列を生成するのと同じように，この空間相関も，観察されたデータについての発見的な情報を提供するかもしれない。

　y_i^s は，i に接続されたすべての観測値における y の平均またはその空間上の y の**隣接性**を表す。行列表現を使用すると，空間**隣接性** y_i^s を y と接続行列 **C** から容易に構築できる。行方向に基準化

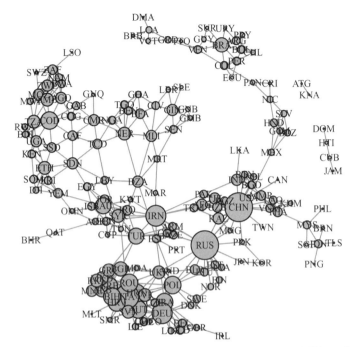

図 3.5　cshapes データセットに入っている 2015 年の 195 カ国間のつながりを単純に可視化したネットワーク（距離が 200 km 未満の場合は隣接関係を true に設定した。頂点の大きさは出次数 (outdegree) に比例する）。
出典：原著者により作成

された接続重み行列 $\mathbf{W}$ を作成することができ，それは各行の成分の和が 1 になるように接続行列 $\mathbf{C}$ の各行ベクトル $\mathbf{c}_{i\cdot}$[d]をリンクの総数 $\sum_j c_{ij}$ で割った行列である。例は，表 3.5 で与えられている。

　この文脈では，スカラー $y_i^s = \mathbf{c}_{i\cdot}\mathbf{y}$ は（合計することで）平均または 1 つの区画 i のすべての隣接する観測値全体の平均を表す。こ

---

[d]訳注：$\mathbf{c}_{i\cdot}$ は，接続行列 $\mathbf{C}$ の第 i 行の各成分を横に並べた 1 行 n 列の行列（横ベクトル：n は区画の数）を表している。

表 3.5 欧州 8 カ国の行方向に基準化された接続行列 **W**

	デンマーク	フィンランド	フランス	ドイツ	イタリア	ノルウェー	スウェーデン	英国
デンマーク	0	0	0	1/3	0	1/3	1/3	0
フィンランド	0	0	0	0	0	1/2	1/2	0
フランス	0	0	0	1/3	1/3	0	0	1/3
ドイツ	1/4	0	1/4	0	1/4	0	1/4	0
イタリア	0	0	1/2	1/2	0	0	0	0
ノルウェー	1/3	1/3	0	0	0	0	1/3	0
スウェーデン	1/4	1/4	0	1/4	0	1/4	0	0
英国	0	0	1	0	0	0	0	0

れは**空間隣接性**と呼ばれる。このように，それぞれの y_i^s が他の国の y の値や接続の重みとどのように関係しているかを，$y^s = \mathbf{W}y$ の関係から思い出そう。表 3.6 は，民主主義指標を変数とした**空間隣接性**を -10 から 10 の範囲で表現している。たとえばドミニカ共和国の民主主義指標は 8 であるが，隣接しているすべての国がもっとも小さい民主主義スコアである -10 をもっている。一方，アイルランドとポルトガルは，隣国と同様，もっとも大きい民主主義指標をもっている。

3.5 近さの尺度

多くの社会科学者にとって，研究対象となる領域の近さの尺度を開発することは，空間分析においておそらく最も重要なステップである。社会的文脈での距離とは何か？ 多くの物理学者は，地理的距離やユークリッド距離の厳密な尺度を使って，たとえば木がどれだけ互いに近いかを測ることができるが，この問いは，多くの社会科学における分析では，かなり複雑になる。たとえば，米国とメキシコはどのくらい近いのだろうか？ 厳密な連続性の尺度を使えば，陸続きの国境を共有しているので隣接した領域である。しかし，カナダも米国と陸続きの国境を共有している。つまりカナ

表 3.6　民主主義指標（PITF：2015 年）

国	政治指標値	空間隣接性を考慮した政治指標値
カナダ	10.00	10.00
アイルランド	10.00	10.00
ベルギー	8.00	10.00
フランス	9.00	10.00
スイス	10.00	10.00
ポルトガル	10.00	10.00
ドイツ	10.00	10.00
チェコ共和国	9.00	10.00
スウェーデン	10.00	10.00
デンマーク	10.00	10.00
サウジアラビア	−10.00	−5.00
イラク	6.00	−6.00
カンボジア	2.00	−6.00
スーダン	−4.00	−7.00
ジャマイカ	9.00	−8.00
バーレーン	−10.00	−9.00
カタール	−10.00	−9.00
アラブ首長国連邦	−8.00	−9.00
オマーン	−8.00	−9.00
ドミニカ共和国	8.00	−10.00

注）空間隣接性を考慮した政治指標値の上位 10 カ国と下位 10 カ国

ダは，メキシコと同じように米国に近いということだろうか？　ワシントン D.C. からメキシコシティまでの直線距離は約 3,000 km，ワシントン D.C. からオタワまでの距離は約 700 km である。国と国の間の国境の長さや，各国の人口の多い 10 大都市の中心の距離の平均値を用いてもよいだろう。図 3.6 は，これら 2 つの距離による違いを示している。国によっては，国土の重心が実際の首都からかなり離れているが，小さな国ではそうでもない。中国，カナダ，ロシア，オーストラリア，米国では，この 2 つの地点はかなり離

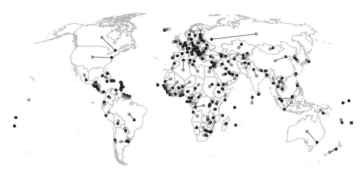

図 3.6 重心（灰色の円）と首都（黒い円）の地図（米国，カナダ，ロシア，中国，インドはいずれも大きく離れている。ノルウェーは，その国土の外側に重心がある）。 出典：原著者により作成

れている。対照的に，北朝鮮と韓国では，国土の重心と首都の間の距離はほとんどない。

　応用研究におけるもう一つの重要な問題は，欠落した空間データをどのように処理するかということである。補完は 1 つのアプローチであるが，他にも様々なアプローチがある (Griffith, 2003)。実際の問題は，社会科学のデータは頻繁に欠落しているが，ランダムに欠落していることは稀ということである。地理空間を対象としない応用研究では，欠損した情報をもつ観測値は補完またはより一般的には削除するのが標準的な方法だろう。しかし，空間を対象とする場合，そのような欠落したデータは，空間表現に空白地域を作り，すべての地域において空間的な近さを表現することができなくなってしまうかもしれない。空間的な尺度を扱う上で起りうるもう一つの問題は，いくつかの観測値が他の観測値に連結されないことである。たとえば，ニュージーランドは，他の独立した政府から200 km 以上離れている。これらの状況を回避するために，2 つの戦略が広く採用されている。実質的なレベルで孤立した島々は隣接しておらず，研究対象となる空間的なプロセスを介して他の観測値

に影響を与えないので，島しょ部はしばしば分析から除外される。より直接的には，それらを除外することで，結果として得られる空間重み行列の（行と列がすべてゼロで構成されている）特異点が消去される。第二の戦略は，他のすべての国に対して連結が 200 km 以内と定義されていても，たとえば，オーストラリアとニュージーランドを隣接しているとして連結させるように，島々に最も近い，または最も妥当な近隣諸国を選択することである。より一般的には，すべての単位について，最も近い k 個の隣接距離を使用することができる。

　上記では，距離を測定するための 2 つの基本的な指標を提案したが，これは表面的に説明しただけである。この距離の指標は，平均移動時間，各地点間の携帯電話による会話数，各地点から他のすべての地点への観光の量，あるいは距離と相互作用におけるその他のさまざまな尺度で考えることができる。たとえば，互いに多くの交流がある国は，経済的に「近い」と考えることができる (Lofdahl, 2002)。Griffith (1996) は，そのような尺度がどのように開発されうるか，またどのように開発されるべきかについて，いくつかのアイデアを提供している。

　ある国の民主主義のレベルと隣国のレベルとの間の類似性を y と y^s の相関によって推定するのは自然なように思われるだろう。ある値と隣接する国の値の加重平均との間の線形関係は，Moran の $\mathcal{I}$ 統計量 (Moran, 1950ab) として知られている。一般化された Moran の $\mathcal{I}$ は，加重されスケーリングされた交差積によって与えられる：

$$\mathcal{I} = \frac{n \sum_i \sum_{j \neq i} w_{ij} \left(y_i - \bar{y} \right) \left(y_j - \bar{y} \right)}{\left(\sum_i \sum_{j \neq i} w_{ij} \right) \sum_i \left(y_i - \bar{y} \right)^2}$$

ここで，w_{ij} は行基準化重み行列 $\mathbf{W}$ の成分で，y_i は関心のある変

数である[e]。

y の観測値がそれぞれ**独立同分布**に従えば，（漸近的に）平均 $-1/(n-1)$ をもつ正規分布と見なすことができる。Moran の $\mathcal{I}$ の分散は

$$
\text{var}\,(\mathcal{I}) = \left\{ n^2 (n-1) \frac{1}{2} \sum_{i \neq j} (w_{ij} + w_{ji})^2 \right.
$$

$$
\left. -n (n-1) \sum_k \left(\sum_j w_{kj} + \sum_i w_{ik} \right)^2 - 2 \left(\sum_{i \neq j} w_{ij} \right)^2 \right\} \Bigg/
$$

$$
\left\{ (n+1) (n-1)^2 \left(\sum_{i \neq j} w_{ij} \right)^2 \right\}
$$

で与えられる。

関心のある変数 y_i を標準化して z_i とすると，Moran の $\mathcal{I}$ は次のように簡単になる。

$$
\mathcal{I} = \frac{1}{2} \sum_{i=1}^{n} \sum_{j \neq i} w_{ij} z_i z_j
$$

Moran の $\mathcal{I}$ 統計量は，平均成分と分散成分で Z スコアを構成し，空間相関の検定としてよく使われる。

Moran の $\mathcal{I}$ は実際には決まった尺度 (metric) をもっておらず，その期待値は 0 ではなく $-1/(n-1)$ である。しかし，Moran の $\mathcal{I}$ 統計量は，個々のケース間の空間的関連性がどのように異なる統計量を与えるかについて，視覚的な解釈により理解しやすくできる。隣接する $\tilde{y}^s$ の平均に対する $\tilde{y}$ の散布図を考えてみよう（値が平均 0 と標準偏差 1 をもつように，標準化された $\tilde{y} = [y - \bar{y}]/\text{sd}[y]$ を使用する）。この散布図では，$\tilde{y}$ と $\tilde{y}^s$ の平均の周りの 4 つの象限での

---

[e]訳注：ここでは $\sum_j w_{ij} = 1$ と基準化している。

観測値の分布は，変数 y の空間的な関連性を表現する．もし y に空間的なクラスターや関連性がなければ，それぞれの y^s の値は y の変化に伴って系統的には変化しない．しかし，もし正の空間的な関連性があれば，それぞれの観測値が y の平均値より上か下のどちらか一方にあり，y^s に対しても同様のはずである．もしほとんどのケースが第 1 および第 3 象限にあり，観測値の一群が近隣と類似していれば，第 2 または第 4 象限での観測値はほとんどないはずである．この散布図に回帰直線を適合させると，その傾きはもとの変数 y と接続リスト L または接続行列 $\mathbf{C}$ が与えられた Moran の $\mathcal{I}$ 相関係数である．

　図 3.7 から，Moran の $\mathcal{I}$ 統計量と 1 次空間隣接性 (first-order spatial lag) の散布図の解釈を説明する．回帰線の傾きは，データの平均的な空間的相関であり，これが Moran の $\mathcal{I}$ 統計量である．この概念を説明するために，空間に対する OLS 回帰からの残差のプロットを示す．これらの残差の空間隣接性は，400 km の距離幅によって重みが作成されている．この種のプロットは，Anselin-Moran プロットとして知られている．

　これらの OLS 残差で計算された Moran の $\mathcal{I}$ 統計量は 0.85 で，分散は 0.003 である．これに対応する標準化された Z スコアは 7.803 で，$-1/180$ よりもはるかに大きく，対応する p 値はほぼ 0 である．このことは，独立した観測値を仮定した OLS の結果が，目的変数と説明変数の空間的なクラスタリングから強い影響を受けていることを示す．その結果，民主主義とその社会的な必要条件である一人当たり GDP で捉えられるような，富との関係について導きたい，統計的または実質的な推論も誤解を招くようになる可能性がある．明らかなことは，残差が左に偏っており，（標準化した場合）正の値よりも負の値の方が多いということである．0 と 1 の間に観測値が集中しているが，大きな正の残差は非常に少ない．この

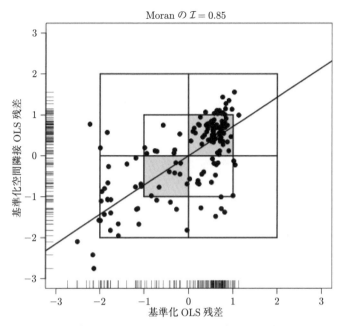

図 3.7 OLS 残差の Anselin-Moran プロット（政治指標値は，一人当たり対数 GDP の関数としてモデル化されている。政治指標値のデータは2015 年，GDP は 2014 年のデータを使用。空間的な重みは 400 km で 2値化されている）。 出典：原著者により作成

ように，モデルは，政治指標値をかなり過小予測する傾向がある。この過小予測は，これらのデータを特徴づける空間相関，およびOLS 推定値の残差のためかもしれない。

3.6 空間モデルの推定

空間分析のための簡単なステップを構成するものは何だろうか？

1. データ，特に目的変数をマッピングする。これは，スプレッ

ドシートのプラグイン，マップの統合，GIS パッケージなど，さまざまな方法で行うことができるが，これらの統計分析を可能にするプラットフォームで行うのが最善である．本書では，変数の分布の単純なマッピングを構築するための R ライブラリ，特に maptools と spdep を使用する．

2. 目的変数に識別可能な空間相関があるかどうかを決定する．我々が考慮する（点過程ではない）ほとんどの応用研究では，これは空間相関の大きさを測定するために Moran の $\mathcal{I}$ 統計量を計算することを意味する．分析者は，場合によっては，局所的な空間的関連性の指標 (local indicator of spatial association, LISA) を介して，空間相関への各観測値の寄与をプロット（マッピング）し続けることを望むかもしれない．本書ではこれを詳細に追求しない．さらなる議論と例については，Gleditsch & Ward (2000)，Anselin (1995)，Ord & Getis (1995) を参照されたい．

3. これらの空間的に隣接した変数を正確に統計的枠組みに組み込み，空間的関連性が残っているかどうかの結果の残差を調べる．次章では，空間モデルのいくつかの一般的な仕様を詳述する．

4. モデルの適合性と，推定されたパラメータの不確実性の程度を評価するために OLS モデルの発見的特性を採用することに加えて，均衡効果を計算して検討する必要がある．このことは，推定された空間モデルの目的変数に対する均衡やフィードバックの意味合いを明らかにし，その妥当性を評価することを意味する．

本書では，事例とともにこれらのステップを説明する．

3.6.1 データのマッピングと空間重み行列の構築

2015 年の 195 カ国の民主主義指標値を用いたデータのマッピングを図 3.8 に例示した。ここでは，OLS モデルからの残差を用いたマッピングを使用している。また，所得に対する民主主義指標値の回帰の残差が空間的に表示できることを示す。400 km の距離を使って Moran の $\mathcal{I}$ を計算し各国の「隣接する国」を決定した。前述の通り，この場合の Moran の $\mathcal{I}$ は 0.85 となった。これは従来の統計的推論において重要な意味をもち，空間パターンが実際に回帰の結果に影響を与えていること，つまり，推定値や標準誤差にバイアスをもたらしていることを確信させる。

3.6.2 空間パターンを探す

Anselin (1996) と Shin (2001) から引用した，いわゆる Anselin-Moran プロットについて説明する。これは，各入力変数（この場合は残差）の標準化された値を，接続された観測値の空間隣接性または平均値に対してプロットする。図 3.7 の灰色のボックスには，残差の平均より大きく，接続された観測値が正の値である観測値が入る。軸には，変数の分布を示すラグプロットを付けている。

民主主義指標値の 1 次空間隣接性のマッピングに加えて，各観測値が大域的な Moran の $\mathcal{I}$ 統計量に寄与していることを地図に表示するのも有用である。この量は LISA 統計量として知られている。これらを標準化しマッピングした結果を図 3.8 に示している。局所的な Moran の $\mathcal{I}$ 統計量は，Ord & Getis (1995)，Anselin (1995, 1996)，Getis & Ord (1996) で開発されている。

この地図は，近隣国の民主主義のレベルという点で，どの国が最も異常な状況にあるかを示している。南および西アフリカは，インドと同様にこのカテゴリーに入る。ジャマイカ，ボスニア・ヘルツェゴビナ，ハイチ，スワジランド，モンゴルは，地域別の Moran

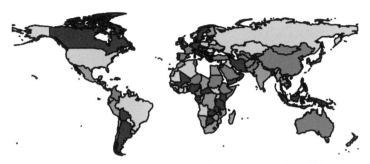

図 3.8　空間隣接性の局所的な指標（局所的な Moran の $\mathcal{I}$）の階級区分図（空間的な重みは 400 km で 2 値化されている）　　出典：原著者により作成

の $\mathcal{I}$ が負の値で最も小さく，バーレーンとカタールは LISA 値が最も高い。これらは，中央値とともに第 1 四分位と第 3 四分位を閾値とした LISA 値に基づいて色付けされている。

3.7　まとめ

　本書で扱うデータとこれらのデータの視覚的表示をまず注意深く調べた後，民主主義のレベルが，一人当たり GDP として測定された富についての線形関数であると仮定した OLS 回帰モデルによる結果を調査した。ここで，この回帰からの残差を検査し，残差が空間的なクラスタリングを示すように見えるという説得力のある根拠を発見し，個々の観測値の誤差項が互いに独立していると考える回帰の仮定に違反していることがわかった。このように，独立した観測値を仮定した OLS は，GDP と民主主義の関係を分析するための説得力のある方法ではないだろう。より根本的には，GDP だけが民主主義にとって重要であるという独立した観測を仮定したモデルは，地理的クラスタリングの重要な特徴を無視している。本書はまた，空間的クラスタリングの度合いと性質を評価するために，地

図と簡単な統計量がどのように視覚的な発見材料として使用できるかを示した。

このように，回帰分析に興味がなくても社会科学のデータの空間的なパターンを検討する余地はある。単に平均の検定を行うか，空間的に整理されたデータを調査するために回帰分析のアプローチを使用するかにかかわらず，空間的な相関関係を考慮に入れないと，述べられた仮説を棄却することから離れて一般的に偏りのある誤った推論につながることを示した。

相関するデータの地図表示は，統計的推論を複雑にする空間的パターンの存在を決定するための探索的な発見材料を提供する。次に，空間隣接性を考慮した目的変数をもつ回帰モデルの推定に目を向けたが，これは空間依存性を明示的に考慮に入れることができるアプローチである。

第4章

空間隣接性を考慮した目的変数

　本章では，民主主義と富の例のように，目的変数と説明変数に空間的なクラスタリングがある場合の統計モデルを説明する。このモデルは，空間依存性を明示的に取り入れるために，空間隣接性を考慮した (spatially lagged) 目的変数 y を回帰式の右辺に入れる。このモデルは多くの異なる名前で呼ばれている。Anselin (1988) は，これを**空間的自己回帰** (spatial antoregressive) モデルと呼んでいるが，地理統計学の文献では，**自己回帰**という用語が全く異なる空間モデルを表すために使用されているので，この用語は混乱を招く可能性がある。このモデルの主な特徴は，共変量の中に空間的な隣接性を考慮した目的変数が存在することなので，簡単のために，ここでは，**空間隣接 y モデル** (spatially lagged y model) と呼ぶことにする。

　空間隣接 y モデルは，ある観測区画 i における y の値 y_i が，i に隣接する区画 j で観測される y_j に直接影響を受けていると考えられる場合に適している。この影響は，i の共変量からの影響より大きい。y が隣接する区画の値に直接影響を受けるのではなく，むしろ i とその隣接する区画の y の値に影響を与えるがモデルには含まれない空間的にクラスター化された特徴があると考えられる場合，空間的に相関した誤差をもつ代替的なモデルを検討することができる。これは後述する。空間隣接 y モデルを適切に用いるためには，

目的変数 y を連続変数と考えなければならない。

　本書では，一般的に複雑な 2 値目的変数のケースは説明しない。これらは，しばしば閉形式の解 (closed-form solution) をもたず，本書には掲載しない反復的手法を用いて推定しなければならないため，より複雑である（Ward & Gleditsch, 2002 参照）。

4.1　空間隣接性を考慮した目的変数の回帰分析

　空間隣接 y モデルの動機付けと説明のために，世界の民主主義の分布の例に戻る。民主主義の分布には空間的なクラスタリングが見られることがわかった。民主主義におけるクラスタリングでは，民主主義が高い国に囲まれている国ほど，政治指標である民主主義値 (polity democracy score) が高い傾向が見られた。しかし，一人当たり GDP の水準のみを条件とした場合には，民主主義のデータにおける空間的なクラスタリングは完全にはなくならないことを示した。民主主義を一人当たり GDP の関数として扱うモデルの誤差 ϵ_i が独立しているという仮定は，Moran の $\mathcal{I}$ 統計量および行列 $\mathbf{C}$ の接続性の指定されたパターンを用いて，回帰からの残差（つまり $\hat{\epsilon}_i = \hat{y}_i - y_i$）の空間依存性を検定することで簡単に検証できる（ここでは，国が互いに 400 km 未満の距離にある場合に接続していると定義している）。この例では，残差の空間的な相関関係を示す強い根拠が見つかっている。これらの残差の Moran の $\mathcal{I}$ 統計量は 0.46 で，関連する Z スコアは約 12.38 である。これは空間的独立性の帰無仮説が真であった場合に期待されるものと同等である。別の言い方をすれば，この結果は，ある国の民主主義レベルと地理的近隣国の民主主義レベルの間には，一人当たり GDP のレベルから予想される以上に，かなりの正の関連性があることを意味している。この結果は典型的なものであり，空間的にクラスタリングされ

た共変量を含めるだけでは，関心のある結果の空間的なクラスタリングを完全になくすことはできないことが多い。

国の一人当たり GDP を条件とした後も民主主義の分布が空間的なクラスタリングを示すことを考えると，我々は以前の回帰モデルにこの空間的な依存性を組み込むことができる方法を探すべきである。経時的に連続したクラスタリングの場合と同様に，空間的隣接性は余計なものか実質的なものかを考えることができる。空間的依存性は，一人当たり GDP の効果の係数 $\hat{\beta}$ およびその標準誤差に関する問題につながる。なぜなら，誤差は隣接した観測区画間で独立しているとは考えられないからである。一人当たり GDP の民主主義への影響を推定する際のこれらの問題は，原理的には，誤差の空間的な相関関係，つまり一人当たり GDP だけでは捉えられない残差の変動を考慮に入れた代替的な推定量で対処することが可能である。このアプローチは，しばしば**空間誤差モデル** (spatial error model: SEM) として知られている（後述）。

しかし，ここでの関心は，民主主義に何が影響を与えているのかということであり，その国の一人当たり GDP と民主化の兆しとの関連性を推定することにあるのではない。ある国の民主主義のレベルが隣国のレベルと関連しているようであれば，それは民主主義指標値の分布そのものについて何か重要なことを示唆し，民主化の兆しや制約に対する空間的な依存性からの影響について何かを学ぶ機会を与えてくれる。このように，より説得力のある興味深いアプローチは，民主主義の実質的な特徴としての空間的な関連性を考慮することであり，説明できない統計数値ではない。

ここで観察された空間的な関連性は，ある国 i の民主主義の値が，近隣国 j の民主主義のレベルに依存して顕著に異なるような観測値間の差がないことを示唆している。国 i の民主主義指標の値を一人当たりの GDP だけに依存させるのではなく，$\mathbf{w}_{i\cdot}\boldsymbol{y}$ で定義

される民主主義指標が自国の一人当たり GDP と近隣国の民主主義
のレベルの両方の関数であるというモデルを考えよう。ここで，接
続ベクトル $\mathbf{w}_{i\cdot}$[a]すなわち，行列 $\mathbf{W}$ の i 行目は，i に接続している
と定義されているすべての国 j について，0 ではない値を与える。
接続行列 $\mathbf{W}$ は，w_{ij} の各行の合計が 1 になるように行方向に基準
化されている。

　この推論は，空間隣接性を考慮した次の目的変数モデルを示唆し
ている。

$$y_i = \beta_0 + \beta_1 x_i + \rho \mathbf{w}_{i\cdot} \boldsymbol{y} + \epsilon_i, \qquad (4.1)$$

ここで，空間相関 (ρ) に関連するパラメータの正の値は，平均的に
近隣国の民主主義スコアが高い場合，その国の民主主義スコアも高
くなると予想されることを示している。

　空間隣接 y モデルは，右辺の他の共変量（x_t など）の効果を推
定するときに，1 時点前の目的変数 y_{t-1} を含むことで時間的系列
相関を扱う自己回帰時系列モデルに類似していると考えることがで
きる。空間隣接 y モデルの係数 $\hat{\beta}_1$ は，OLS で推定した係数とは異
なる。なぜならば，一人当たり GDP が民主主義のレベルに与える
影響を考慮する際に，ある国 i の民主主義のレベルが隣接する国 j
の民主主義のレベルにどの程度依存するかを評価するからである。
したがって，x の変化による効果を評価する際には，空間的な影響
を考慮に入れる必要がある。

　表 4.2（後述）は，2014 年の 180 カ国の一人当たり GDP（自然
対数）に空間隣接性を考慮した y を含める場合と含めない場合の
民主主義レベルに関する OLS 回帰の結果を示している。空間隣接
性を考慮した y を含めない OLS では，一人当たり GDP 対数値の

---

[a]訳注：$\mathbf{w}_{i\cdot}$ は，行方向に基準化された接続行列 $\mathbf{W}$ の第 i 行の各成分を横
　　に並べた 1 行 n 列の行列（横ベクトル：n は区画の数）を表している。

係数は大きな正の値である 1.14 と推定されたのに対し，空間隣接
y モデルでは，一人当たり GDP 対数値の係数は 0.70 と推定され，
従来の有意性検定の水準ではゼロから大きく離れているものの，前
者よりも 4 割近く小さくなっている。

　空間隣接性を考慮した式 (4.1) の ρ の推定値は大きく正 (0.54) で
あり，標準的な水準では統計的に有意である（Z スコア 6.75）。こ
れは，その国の民主主義のレベルが地理的な近隣国の民主主義の
レベルと相関しているという推測を支持するものである。実質的
な意味では，ある国の民主主義のレベルは，その隣接国の平均的な
民主主義スコアが最小値（すなわち −10）である場合，スコアが 0
であるときに比べてわずかに低くなるだろう。これは 1945 年以降
の平均的な政治指標値に近い。逆に，近隣国の平均的な民主主義ス
コアが 10 の国は，近隣国の平均が 0 の国に比べて，相対的にやや
民主的であると予想される。これらの推定値は，先に説明した民主
主義のクラスター化を反映している。ほとんどの民主主義国は一人
当たり GDP が高い傾向にあるが，2014 年には中南米のように一人
当たり GDP がそれほど高くない地域で民主主義国のクラスター
化が見られ，湾岸諸国のように平均 GDP が高い地域でも独裁国家
のクラスター化が見られる。

　表 4.1（後述）について観測値の独立性を仮定したモデルと空間
隣接性を考慮した y をもつモデルの全体的な適合度の尺度を比較
すると，空間隣接 y 項をもつモデルがデータに顕著に適合するこ
とを示している。このモデルは，観測値の独立性を仮定したモデル
よりも高い F 統計量と高い対数尤度をもつ。このことは，空間隣
接 y 項によって，国の一人当たり GDP から予測される以上に，民
主主義の分布を特定するために重要な何かが加わるという考えを
強める。しかし，モデルの発見だけでは，空間的アプローチを使用
する説得力のある理由にはならない。空間的アプローチが優れてい

るのは，それが単独で生成する発見的見地のためではなく，観測値間の影響や依存性のもっともらしいモデルを特定しているからである。

標準的な OLS 回帰は，次の形式をもつ。

$$y_i = \boldsymbol{x}_i\boldsymbol{\beta} + \varepsilon_i$$

ε_i を，目的変数の空間依存性の項（目的変数と相関している）と独立な誤差項に $\varepsilon_i = \rho\mathbf{w}_{i.}\boldsymbol{y} + \epsilon_i$ と分解すると，空間隣接性を考慮した目的変数の定式化が得られる。

$$y_i = \boldsymbol{x}_i\boldsymbol{\beta} + \rho\mathbf{w}_{i.}\boldsymbol{y} + \epsilon_i \tag{4.2}$$

しかし，これを個別に指定すると，$\varepsilon_i = \lambda\mathbf{w}_{i.}\boldsymbol{\xi} + \epsilon_i$ となる。

$$y_i = \boldsymbol{x}_i\boldsymbol{\beta} + \lambda\mathbf{w}_{i.}\boldsymbol{\xi} + \epsilon_i \tag{4.3}$$

は空間誤差の定式化である。

明らかに，この 2 つの定式化は，元の誤差項を分解（再指定）する方法であると考えられる。重み行列が適切かつそれぞれ等しければ，両式は，$\lambda\xi_i = \rho y_i$ のときに同等であると考えることができる。再定式化が目的変数の平均レベルに影響を与えることを意図しているのではなく，誤差過程 ($\lambda\mathbf{w}_{i.}\boldsymbol{\xi}$) の構造に関する情報を捉えることを意図している場合，結果として得られるモデルは同時 SEM として知られる。しかし，もし再定式化が目的変数 ($\rho\mathbf{w}_{i.}\boldsymbol{y}$) の平均レベルへの影響を捉えることを意図しているならば，結果のモデルは様々な名前で呼ばれるが，本書ではそれを**空間隣接目的変数モデル** (spatially-lagged dependent variable model) と表記する。次に，空間隣接目的変数モデルを検討する。SEM について

は，第5章で触れる[1]。

空間隣接 y モデルによる一人当たり GDP の係数の推定値は，OLS による推定値と直接比較すると，一人当たり GDP の効果が一見大きくなることを示唆していると解釈したくなる。しかし，この解釈は正しくない。なぜなら，空間隣接 y モデルは自己回帰を想定しているため，x の影響に関する係数は，空間隣接 y 項のない OLS モデルにおける x の係数のような正味の効果ではなく，むしろ x_i の y_i に対する短期的な影響を反映するようになっているからである。y_i の値は他の国の民主主義レベル y_j に影響を与え，これらの y_j は y_i に影響を与えるので，x_i の短期的な影響が他の国の民主主義レベルへの影響を通じて y_j に与える追加的な効果を考慮する必要がある。

これは，時系列モデルでの共変量 x_t の係数 β の解釈に類似しており，たとえば，右辺に目的変数 y_{t-1} の時間的なラグがある場合である。

$$y_t = \beta x_t + \phi y_{t-1} + \epsilon_t \tag{4.4}$$

この式において，β は，x_t の y_t への即時効果を示している。しかし，これは直後の y_t にも影響を与え，したがって，x_t の長期的な効果は，自己回帰部分つまり式 (4.4) ラグ y_{t-1} による影響のための推定係数を通してはたらく正味効果の部分を考慮に入れなければならない。x_t の長期的効果は $\beta/(1-\phi)$ になる。ϕ が大きい状況では，β よりも実質的に大きい長期的効果 $\beta/(1-\phi)$ が得られる。

この例を続けて，ある国 i だけで一人当たり GDP の対数を 1 単位増やすことができれば，その国の民主主義レベルに β の影響を

---

[1] 特定の地域または行政区域の観測値に選択的に適用される階層的共変量の導入などのような分解も考えられる。そのようなモデルは，本書では扱わない。

すぐに与えることができると想像してみよう。しかし空間隣接 y
モデルは，国の間のフィードバック効果を伴う空間な動きを意味
し，国 i の民主化レベルは近隣国の民主化レベルにも影響を与える
と考えられる。したがって，国 i の民主化レベルに影響を与える民
主化レベルの増加は，近隣国である国 j の民主化レベルに影響を与
えることになる。同時に，近隣国に隣接する国も順に影響を受け，
つながりのあるすべての国々に影響を与えることになる。一般的に
は，すべての国がいくつかの近隣諸国をもつことになるので，最終
的にはすべての国の影響を受けることになる。しかし，空間隣接 y
モデルの y 項にはすべての国の民主主義レベルが考慮されている
ため，i に接続している国のレベルが上がれば，i の民主主義レベ
ルも上がることに注意されたい。この思考実験のように，ある観測
値に対する外生的な強い影響は，観測値間のフィードバックを伴っ
てシステム全体に反響効果をもたらし，それはシステムが新しい安
定した均衡状態に落ち着くまで，一連の調整としてシステム内を流
れることになる (Cressie, 1993; Lin et al., 2006)。

　したがって，空間隣接 y モデルにおける x_i の係数の推定値だけ
に注目するのではなく，均衡効果を考慮することが重要である。
残念ながら，空間隣接 y モデルの長期的効果は，時間遅れ（ラグ）
をもつ y の存在下での長期的効果の推定のように単純な形で述べ
ることはできない。空間隣接 y モデルにおける共変量の均衡効果
をどのように捉え，推定するかについては，後であらためて説明す
る。しかし，モデルに y の空間依存性が存在することと，OLS で
のモデルの一貫した推定に関連する暗黙の内生性にまつわる問題に
まずは目を向けよう。

　次節では，推定の問題と，空間隣接 y モデルを推定するよりも
最尤推定法を使用した方がよい理由に焦点を当てており線形代数の
知識が必要になる。最尤推定法を使用するだけであれば，次節の詳

細をすべて理解する必要はないので，推定の問題に関心のない読者
は次節を読み飛ばして，4.3節に進んでもよい。

4.2 空間隣接 y モデルの推定

右辺に時間遅れをもつ y_{t-1} を含む時系列モデルでは，回帰モデ
ルの残差に系列相関がないことを条件に，OLSで推定する場合，
時間遅れをもつ y_{t-1} の存在に問題はない。より正確には，目的変
数が時間遅れをもつ OLS は，モデルが正しく指定されていれば推
定に問題を生じない。目的変数を遅延させることのメリットについ
ては，かなりの議論があるが，これは，データ生成過程における他
の特定の仮定が妥当であるかどうかについての議論と同じである。
この議論については Keele & Kelly (2006) を参照されたい。しか
し，y_{t-1} が時刻 t であらかじめ定められているのに対し，y の空間
隣接性は同時性があり，y 自体に基づいている。この同時性は，空
間隣接 y モデルを推定する際には問題となる。その理由を理解す
るためには，線形代数によって空間隣接モデルを読み解くことが有
用である。Anselin (1988) の表記法に従って，空間隣接 y モデル
は次のように表現できる。

$$\boldsymbol{y} = \rho \mathbf{W} \boldsymbol{y} + \mathbf{X} \boldsymbol{\beta} + \boldsymbol{\epsilon}, \ \boldsymbol{\epsilon} \sim N(\mathbf{0}, \sigma^2 \mathbf{I})$$

ここで，$\mathbf{I}$ は単位行列（対角成分が1であり，それ以外の成分はす
べて0の $n \times n$ 行列）を表し，$\boldsymbol{\epsilon} \sim N(\mathbf{0}, \sigma^2 \mathbf{I})$ は，誤差が共通の分
散 σ^2 で多変量正規分布に従い，誤差の共分散行列の非対角成分が
0となることを表す。$\rho = 0$ の場合，空間依存性はなく，右辺の最
初の項は省略され，OLS が適切である標準的な古典的回帰モデル
に帰着する。しかし，$\rho \neq 0$ の場合，同時性があり，OLS の推定
値は，観測値の数が増加するにつれて，それらの真の値に収束しな

くなる。その代わりに，OLS の指定によって無視されるフィード
バックや依存性は，データフレームのサイズが大きくなるにつれ
て，排除されるのではなく，むしろ大きくなる可能性が高い。実際
には，接続行列の大きさと正確な形に明示的に依存する。

　空間隣接 y モデルを推定するために OLS を使用することが問題
となる場合，代替的な推定方法は何だろうか？　空間隣接 y モデ
ルは，2 段階の操作変数 (instrumental variable) 推定法を用いて推
定することができ，たとえば，y の空間隣接性の操作変数として外
生変数 $\mathbf{X}, \mathbf{WX}, \mathbf{W}^2\mathbf{X}$ の空間隣接性を用いる。このアイデアは，y
の値は内生的であるかもしれないが，$\mathbf{X}$ はあらかじめ定義されて
おり，y の空間隣接性に影響されないので，隣接データ間の $\mathbf{X}$ の
値は除外制約を満たすと仮定できるというものである。$\mathbf{X}, \mathbf{WX},$
$\mathbf{W}^2\mathbf{X}$ が $\boldsymbol{y}$ の空間隣接性をよく予測できれば，操作変数は適切で
あり，通常は線形回帰のための F 検定によって評価される。第二
の問題はデータから経験的に評価できるが，第一の基準は理論的根
拠に基づいて正当化されなければならない。

　もう一つの選択肢は，空間隣接 y モデルに最尤推定値を使用す
ることであり，モデルが正しく指定されていれば，一致性をもつ漸
近有効推定量となる。空間隣接 y モデルの OLS 推定値は，同時性
の問題に直面するだろうが，モデルが正しく指定されていれば，一
貫性があり，漸近的に有効である。右辺に $\mathbf{W}\boldsymbol{y}$ が存在するため，
最尤推定量の特性は漸近的にのみ保持され，不整合やバイアスの
大きさは応用する際の特定の状況に依存する。Franzese & Hays
(2007) は，モンテカルロ・シミュレーションを用いて異なる推定
量の性能を探り，ある設定では，空間隣接 y モデルの OLS 推定値
が最尤推定量よりも平均二乗誤差が小さくなる可能性があることを
示唆している。サンプルサイズが小さい場合には，空間的な定式化
を活用することは困難である。

　空間隣接 y モデルの尤度を最大化するのは難しい。このために，空間隣接 y モデルは次のように書き換えられることを考慮すれば便利である

$$\epsilon = y - \rho \mathbf{W} y - \mathbf{X}\beta = (\mathbf{I} - \rho\mathbf{W})y - \mathbf{X}\beta$$

つまり，β の推定値が次のように書ける：

$$\hat{\beta} = (\mathbf{X}'\mathbf{X})^{-1}\mathbf{X}'(\mathbf{I} - \rho\mathbf{W})y$$

このモデルのパラメータ推定値 $\hat{\beta}$ を求めるのは ρ が未知の場合には困難になる。なぜなら，対数尤度関数に行列式 $|\mathbf{I} - \rho\mathbf{W}|$ が含まれているからである。これは ρ の n 次多項式であり，推定手順の反復ごとに評価しなければならない。しかしながら，Ord (1975) はもし $\mathbf{W}$ が固有値 $(\omega_1, \ldots, \omega_n)$ をもつならば

$$|\omega\mathbf{I} - \rho\mathbf{W}| = \prod_{i=1}^{n}(\omega - \rho\omega_i)$$

となることを示した。これは次のことを意味する：

$$|\mathbf{I} - \rho\mathbf{W}| = \prod_{i=1}^{n}(1 - \rho\omega_i)$$

　Ord は，残りのモデルの推定に先立って，$\mathbf{W}$ の ω_i が最初に求められることを示した。一定の分散を仮定した古典的な線形回帰モデルの対数尤度関数は

$$\ln\mathcal{L}(\beta, \sigma^2) = -(n/2)\ln(2\pi) - (n/2)\ln(\sigma^2)$$
$$-(y - \mathbf{X}\beta)'(y - \mathbf{X}\beta)/(2\sigma^2)$$

となる。

　対照的に，空間隣接 y モデルの対数尤度関数は

$$\ln\mathcal{L}(\boldsymbol{\beta},\sigma^2,\rho) = \ln|\mathbf{I} - \rho\mathbf{W}| - (n/2)\ln(2\pi) - (n/2)\ln(\sigma^2)$$
$$-(\boldsymbol{y} - \rho\mathbf{W}\boldsymbol{y} - \mathbf{X}\boldsymbol{\beta})'(\boldsymbol{y} - \rho\mathbf{W}\boldsymbol{y} - \mathbf{X}\boldsymbol{\beta})/(2\sigma^2)$$

となる。ω_i は $\mathbf{W}$ の固有値であり，推定の必要はないので，この関数を最大化することで，空間隣接 y モデルの最尤推定量を簡単に求めることができる。また，共分散行列が非正定値である性質をもつ原因となる発散するフィードバック過程を係数が引き起こさないようにする必要がある。現在，代わりに使えるアルゴリズムもあるが，空間隣接 y モデルのための最尤推定手法の実装によって複雑な計算の多くを回避できるために，依然として Ord の手法から恩恵を受けている。しかし，最尤推定 (MLE) に変えると，基本とする仮定が変化する。OLS では，データは正規分布である必要はない。空間モデルの MLE では，データは正規分布であると仮定される。

4.3　民主主義の空間隣接 y モデルの最尤推定

　本節では，民主主義の空間隣接 y モデルの最尤推定値を提示し，同じモデルの OLS 推定値と比較する。

　その結果を表 4.1 に示す。見ての通り，空間隣接 y モデルには異なる係数が設定されており，たとえば中東には独裁国家が多く，中央ヨーロッパには民主主義国家が多いなど，政権の種類が局所的に集中していることを考慮しているものもある。

　一人当たり対数 GDP の政治指標値への影響に関する係数は，OLS による推定値の 60% に過ぎない。同様に，切片もかなり小さくなっている。空間隣接 y 項を含め，それを適切に推定することで，国をまたがる民主主義のばらつきを説明するモデルの能力が著しく向上するという意味で，推定手法にかかわらず，ここでの主要

表 4.1 通常の最小二乗法 (OLS) vs. 空間隣接 y モデル（最尤推定）

	政治指標値 $[-10 \sim 10]$	
	OLS	空間隣接
切片	-5.70	-3.83
	(2.88)	(2.49)
GDP 一人当たり	1.14	0.70
	(0.33)	(0.30)
空間隣接	N.A.	0.54
	N.A.	(0.08)
観測値	155	155
対数尤度	-516.45	-484.67

注）欠落しているサンプルは除外されている。$n = 155$。
N.A. は該当なしを表す。

な結論に変わりはない。

4.4 欠損データは困りもの

かつては，欠損データの問題を無視して，完全ではない観測値を削除するのが一般的だった。このような昔の悪しき時代は偏った結果をもたらし，現在では欠損データの処理には何らかの形での多重代入が必要とされている。多くの異なるアプローチがあるが，主に次の3つに大別される。

(1) 連鎖方程式を用いた多重代入，または MICE (Van Buuren, 2012)

(2) Rubin (1976) によって生み出され，Rubin (1987) でさらに開発され，King et al.(2001) によって普及・拡張されたブートストラップ法

(3) 順位に基づくコピュラ (copula) 法 (Hoff, 2007)

である。Hollenbach et al.（2014）は，本書で辿ったアプローチ
を記述しており，それを実装するためのプログラムコードは本書
のサポートサイトにある。キューバ，ベネズエラ，北朝鮮，台湾
など，世界銀行の GDP データがない国が 13 カ国ある。2015 年の
Polity V データベースにはバハマ，アイスランド，リヒテンシュ
タイン，モルディブ，ナウル，パラオ，サモアなどのいわゆる小国
を含む，より大きなセット（28 カ国）について政治指標値のデー
タが欠落している。本書では，コピュラを用いた多変量分布で政
治指標値を生成し，そこから 10,000 回の抽出を行い，平均化して，
これらのケースのそれぞれで欠落のある 2 つの変数の推定代入値
(imputed value) を生成した。この代入値のための分布は，各国の
面積，緯度，経度，関心のある関連変数，政治指標値，一人当たり
GDP から得た。欠損データの主要な処理は，現在では非常にシン
プルで，無視するよりも簡単であることが多いため，無視すべきで
はない[2]。表 4.2 は，代入法を用いた推定値である。

　空間隣接 y モデルについては，最尤推定量が OLS 推定量よりも
一般的に適切であると考えるならば，OLS 推定量は一人当たり
GDP の係数を過小評価し，空間隣接項の係数を過大評価している
と考えることができる。この推測は，真のパラメータが何であるか
わからないので，検証可能ではない。また，本書のモデルがこれら
にどの程度似ているのか，また，真のパラメータ値が存在するのか
どうかもわからない。

　残差自己相関のためのラグランジュ乗数検定は，空間モデルか
らの残差で事前に与えられた検定である。この例では，検定統計
量が 21.1 となり，関連する確率がほぼ 0 で，残差の中に 1 次の自
己回帰成分がいくつか残っていることを示している。空間隣接 y

---

[2]MICE, AMELIA II, sbgcop は R に含まれる使いやすいパッケージである。

表 4.2 欠損データを多重代入した通常の最小二乗法 vs. 空間隣接 y モデル (MLE)

	政治指標値 [−10〜10]	
	OLS	空間隣接
切片	−7.27	−5.06
	(2.76)	(2.37)
GDP 一人当たり	1.30	0.79
	(0.32)	(0.28)
空間隣接	N.A.	0.57
	N.A.	(0.08)
観測値	180	180
対数尤度	−583.33	−456.04
Z Moran の $\mathcal{I}$（残差）	8.91	−0.43

注）欠落しているデータは正規コピュラで推定されている。N.A. は該当なしを表す。

モデルを用いて OLS の残りの空間パターンの残差を調べると，残差がまだ強い空間的クラスタリングを示しており，標準化された Moran の $\mathcal{I}$ は 8.91 であり，鞍点法による推定値は実質的に同じである。強調したいのは残差のこれらの自己相関検定は，重み行列に依存しているため，慎重に使用すべきということである。この点については，次節で触れる。しかし，OLS 残差の空間的相関の多くが，空間隣接モデルを推定することで除去されることは明らかだ。また，代入法による結果は，データが欠落しているサンプル（主に政治指標値）を除外した切断データによる結果と似ていることにも注意すべきである。

4.5　空間隣接 y モデルにおける均衡効果[b)]

　空間隣接 y モデルの最尤推定値を求めて，一人当たり GDP と民主主義に対する均衡効果を調べるためには，説明変数の変化が他の国に与える影響を考慮する必要がある。これは，接続行列を介して他の国での一種の連鎖反応につながり，空間隣接 y 項を介して最終的に y_i に影響が戻ってくるであろう。

　空間隣接 y 回帰モデルは，行列を用いて次のように表すことに留意されたい。

$$\boldsymbol{y} = \mathbf{X}\beta + \rho\mathbf{W}\boldsymbol{y} + \boldsymbol{\epsilon} \tag{4.5}$$

目的変数 $\boldsymbol{y}$ を含むすべての項を左辺に移すと，次のようになる。

$$(\mathbf{I} - \rho\mathbf{W})\boldsymbol{y} = \mathbf{X}\beta + \boldsymbol{\epsilon} \tag{4.6}$$

この方程式を $\boldsymbol{y}$ について解くと，均衡状態での $\boldsymbol{y}$ の期待値は次のようになることがわかる。

$$E(\boldsymbol{y}) = (\mathbf{I} - \rho\mathbf{W})^{-1}\mathbf{X}\beta \tag{4.7}$$

　$\rho = 0$ の場合は明らかに $E(\boldsymbol{y})$ が $\mathbf{X}\beta$ となる。y_i の期待値や x の均衡効果を決定するために，空間乗数ベクトル $(\mathbf{I} - \rho\mathbf{W})^{-1}\mathbf{X}\beta$ を考慮しなければならない。このベクトルは，x_i の変化が他の国家 j にどのくらい波及し，空間隣接 y 項の影響を通じて y_i にどのくらい影響を与えるかを示している。これは，産業連関分析において，あるセクターにおける需要の変化が複数のセクターからなるシステムの総生産にどのような影響を与えるかを評価するために使用される Leontief の逆数 (Leontief, 1986) に似ている。

[b)]訳注：4.5 節では説明変数が 1 次元の場合を考える。

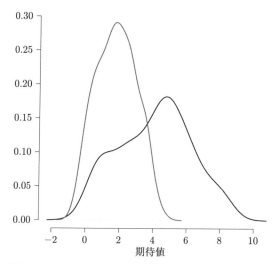

図 4.1 均衡効果の推定値（事後密度で表示）。黒線は，空間隣接項を含むフルモデル，灰色線は，空間的な側面を含めずに同じモデルを示している。

出典：原著者により作成

図 4.1 に示すように，空間的効果を考慮した場合の均衡効果の平均は約 4 であるのに対し，空間的効果を考慮しない場合は 2 未満である。このことは，空間成分が大きく，多くの連結をもつ重み行列が推定された空間隣接モデルの期待値に全体として大きな影響を与えていることを示している。

したがって，x_i のある観測に対する 1 単位の差の均衡効果は，他の国 j の値が一定に保持されているベクトルを用いて $\Delta(x_i) = (\mathbf{I} - \rho\mathbf{W})^{-1}\mathbf{e}_i\beta$ と表すことができる。ただし $\mathbf{e}_i$ は i 番目の成分のみが 1 のベクトル $(0, \ldots, 0, 1, 0, \ldots, 0)'$ である。すべての国は，他の国とのつながりの度合いや，他の国との高次のつながりの度合いが異なるため，x_i の変動による影響は，その国に依存することになり，国によって異なる。たとえば，架け橋となるような結び

表 4.3　ロシアの一人当たり対数 GDP の変化が一部の近隣国の政治指標
値に与える均衡効果

均衡効果	国	2015 年の政治指標値
0.85	ロシア	4
0.19	モンゴル	10
0.18	日本	10
0.13	フィンランド	10
0.12	ノルウェー	10
0.11	エストニア	9
0.11	ジョージア	7

注）1 単位の変化は一人当たり 2,718 ドル

つきのない不連続な地域を考えると，ある地域の変化はその地域内
には影響を与えるが，他の地域には影響を与えない。

　ある国家の一人当たり GDP が他の国家の民主主義の期待値に
どのように影響するかを理解するためには，ベクトル $\Delta(x_i)$ を調
べることが有益である。ここでは，ロシアを例に説明する。表 4.3
はロシアについて，表 4.2 の空間隣接 y モデルの推定値に基づく
$\Delta(x_i)$ の 7 つの最大値と $\mathbf{W}$ の隣接性を表示している。このように，
ロシアの均衡効果への影響は小さい（平均 0.02）。他の国の値は，
ロシアの変化がアジアやヨーロッパの近隣諸国に影響を与えること
を示している。これらの推計値が実質的に何を意味するのかを見る
には，推計された影響の係数が一人当たり GDP の対数に関係して
いることを思い出してほしい。ロシアの現在の一人当たり GDP が
10% 変化した場合，民主主義の予測値は政治指標の尺度で 0.1 ポ
イント強しか上昇しない。ロシアの一人当たり GDP の変化による
均衡効果が最も大きい国では，民主主義の予測値の上昇は，これら
の推定値に基づいて 0.02 強にとどまるだろう。このことは，我々
の結論を補強するものである。1 つの国の一人当たり GDP の大き

な違いは，このモデルによれば，世界中の民主主義のレベルをあまり変化させず，近隣国の民主主義のレベルの影響を考慮した空間隣接 y モデルでは，一人当たり GDP（自然対数）の影響は，OLSの結果や個々の観測値を互いに独立したものとして扱う場合に比べて，実質的に低くなる。

　しかし，前述のように，一部の国では，より大きな影響を受ける可能性がある。ロシアの GDP が変化したときに影響を受けると考えられる国は（ロシア以外に）モンゴル，北朝鮮，日本，フィンランド，エストニア，ノルウェーだろう。北朝鮮以外の国はすでに最大の政治指標値であり，北朝鮮だけが民主化する可能性を示している。このシミュレーションは，ロシアの GDP の増加が北朝鮮に影響を与える可能性があることを示唆している。サポートページのR コードでは，上記の空間隣接 y モデルの推定値に基づいて，簡略化したシミュレーションを再現できる。

　前述の OLS モデルの結果は，一人当たり GDP が民主主義の水準に与える影響が比較的限定的であることを示唆していた。また，空間隣接 y モデルの MLE の結果は，一人当たり GDP の直接的な影響が比較的緩やかであることを示唆している。一人当たり GDPの変化の長期的な均衡効果を調べたところ，影響はやや大きいが，まだかなり限定的であることがわかった。係数は，その国と近隣諸国の民主主義レベルの期待値の関係について何を示唆しているのだろうか。図 4.2 は，モデルによって暗示された共変量の期待値である。この図では，目的変数（政治指標 y）の期待値を，隣接する国の民主主義レベル（空間隣接 y^s）と説明変数である一人当たり対数 GDP の関数としてプロットしている。この等高線プロットから明らかなように，一人当たり GDP による影響は弱いが，空間的要素は国の民主化レベルの期待値に強い影響を与える。

　モデルによって民主主義のレベルの期待値は，一人当たりの

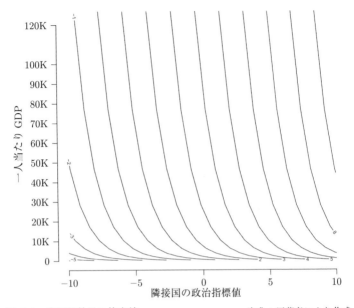

図 4.2　空間的効果の等高線　　　　　　　　出典：原著者により作成

GDP が一定であることを条件に，国によって劇的に変化する。一人当たり GDP が中央値の国の民主主義レベルの期待値は，隣接する国がすべて独裁国家（すなわち $y_i^s = -10$）である場合には約 -4 であるのに対し，隣接する国がすべて民主主義国（すなわち，$y_i^s = 10$）である場合には 8 に近い。このように，これらの実証結果では，一人当たりの GDP が民主主義のレベルを説明するのに限られた効果しかないのに対して，民主主義のレベルと近隣諸国の民主主義のレベルとの間には非常に密接な関係がある。

　これらの結果は，モデルの系統的な部分にはない特徴（たとえば，ある国 i についての y_i の影響）によって民主主義レベルが変化した場合に何が起るか，またそれがモデルが暗示する他の国 j の民主主義の予測レベル $\hat{y}_j$ に与える短期的な影響という観点から解

釈することもできる。

4.6　イタリアの投票率の空間依存性

　Shin と Agnew (Shin, 2001, 2002; Shin & Agnew, 2007ab) は，過去数十年にわたってイタリアにおける政治活動の地理的分布を研究し，投票率と投票結果における重要な空間的動態を示唆してきた。本節では彼らのデータを利用して，投票率の空間的変動はイタリアの富と所得の地理的分布によって説明できるという簡単な考えを探る。2001 年のイタリア国政選挙のデータと，1997 年の各州の一人当たり GDP のデータを使用している。これらのデータは，この選挙期間中に存在していた 477 の選挙区（定数が 2 人以上 (collegi) および 1 人 (single-member district: SMD)）のそれぞれについて入手可能である。

4.6.1　主要変数の地図

　空間分析の第一段階として，投票率と一人当たり GDP[c]の地理的分布を図 4.3 に示す。

　投票率が最も高いのは北部，特にミラノ周辺（ロンバルディア州），エミリア・ロマーニャ州やトスカーナ州である。ローマやヴェネツィアも投票率が高い。たとえばモデナ（エミリア・ロマーナ州にある都市）では，投票率は 90% 以上になる。対照的に，投票率はシチリア島では 10% 台半ばにとどまっており，ナポリの郊外でも投票率は約 60% にとどまっている。イタリアで最も裕福なのはロンバルディア州である。北部の最も裕福な地域の個人所得は，南部の最も貧しい地域の個人所得の約 1.5 倍である。この一連の発

---

[c]訳注：ここで CDP は，地域内総生産という意味で使われている。

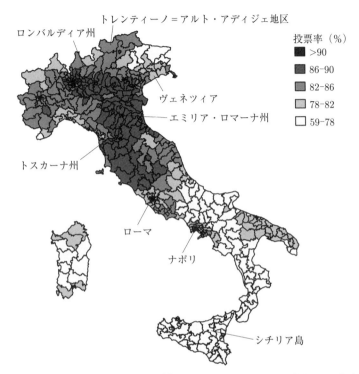

図 4.3　イタリアの選挙区別投票率　　　　出典：原著者により作成

見的な地図では，投票率と一人当たり GDP の両方に明確なクラス
ターがあることが明らかである．

4.6.2　Moran の $\mathcal{I}$ 統計量を計算する

　本項では，Moran の $\mathcal{I}$ 統計量を用いて，投票率と一人当たり
GDP の空間的クラスタリングをより正式に評価する．イタリアに
おける空間的な接続性について，まず 50 km の最近傍距離を使用
した．各地区の中心地を計算し，その地区が他の地区の中心地と
50 km 以内にあるかどうかを判断した．計算結果から 2 つのミラ

ノ地区は，他の54の地区と接続されていることがわかった。それは10と6であった。8つのSMDは国土の端に位置するために他の1つの地区にのみ接続されている。例として，トレンティーノ＝アルト・アディジェ地区は，ブレナー峠やオーストリアに近いアルプス山脈に隠れるように位置している。しかし，この50 kmルールによって，SMDも平均して約17の他の地区と連結している。要約統計量はRを用いて隣接する地区から簡単に得られる。

Moranの$\mathcal{I}$統計量は，ランダム性を仮定した場合と，正規性を仮定した場合の2通りの計算方法がある。どちらの場合でも上記のデータにおいて強い空間パターンを示す。一人当たりGDPのデータは，この2つの検定において，どちらもMoranの$\mathcal{I}$が0.86となり，投票者数も同様に高い値0.79を示した。これらの値は不自然であり，一人当たりGDPと投票率の両方に強い空間的なパターンがあることを示唆している。

4.6.3 回帰分析

投票率は明らかに一人当たりGDPの差に関連している可能性が高いが，投票率の空間的なクラスタリングはGDPの地理的な変動だけで説明できるのだろうか？　ここで検討する単純なモデルは，投票率が一人当たりGDPの関数である。これをまず標準的なOLSで検証した結果を表4.4に示す。この結果は，イタリアでは所得が投票率の強い予測因子であり，一人当たりGDPの1単位の差（単位：百万リラ）は投票率に約14％影響を与えることを示している。しかし，残差の単純な空間パターンに対するMoranの検定の値は0.47であり，空間パターンが回帰係数に強く影響し，それによって残差にも影響していることを示唆している。

この結果を表4.5に示す。一人当たりGDPの投票率への影響は，上述のOLSの結果よりは弱いが，より妥当なものである。こ

表 4.4　イタリアにおける一人当たり対数 GDP に対する投票率の OLS 回帰（1997 年のデータ）

	$\hat{\beta}$	$\sigma_{\hat{\beta}}$	t 値
切片	35.30	2.21	15.96
対数 GDP	13.46	0.65	20.84

$n = 477$
対数尤度 $(df = 3) = -1387.57$
$F(df_1 = 1, df_2 = 475) = 434.4$

表 4.5　イタリアにおける投票率の一人当たり GDP に対する空間的回帰（1997 年のデータ）

	$\hat{\beta}$	$\sigma_{\hat{\beta}}$	t 値
切片	4.70	1.66	2.80
対数 GDP	1.77	0.48	3.66
ρ	0.87	0.02	36.7

$n = 477$
対数尤度 $(df = 3) = -1,193$

れは所得の影響が小さいことを示唆しているが，それにもかかわらず強い影響がある。しかし，空間隣接性を考慮した変数はかなり重要である。

4.6.4　均衡分析

　上記のアプローチに従って，477 個の SMD のそれぞれの均衡値，つまりモデルに与えられた期待値は簡単に計算できる。本書に掲載はしないが，代わりに，簡単な実証実験としてイタリアの最貧地域の一つであるレッジョ・カラブリア県の Sbarre 地区の一人当たりの GDP を仮に 2 倍にする。そうすることで，このシナリオの下での期待値の違いを計算する。モデルと観測されたデータをも

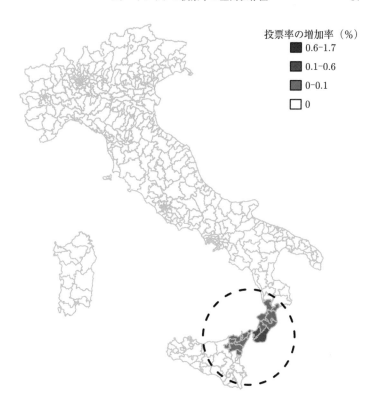

投票率の増加率（％）
■ 0.6-1.7
■ 0.1-0.6
■ 0-0.1
□ 0

図 4.4　南イタリアの貧しい一人区（Sbarre 地区）における一人当たり
GDP が 2 倍になった場合の期待投票率の増加率　　出典：原著者により作成

とに，期待値を算出すると，ほとんどの SMD では差はないが，15
の SMD では，1 つの SMD における一人当たり GDP の変化によ
って投票率の期待値には 1％ 以上の差ができると考えられる。予想
通り，最も大きな変化が見られるのは隣接する SMD からの影響で
ある。図 4.4 は，イタリアにおける投票率の差の分布を示したもの
である。

4.7　空間隣接性を考慮した目的変数のモデルにおける異なる重み行列

　2004 年の米国大統領選挙のデータを参考に，空間重み行列の影響を説明する[3]。アラスカとハワイは，他のすべての州から十分に離れていて，地域データの分析に問題があることから，作業を簡単にするために分析には含めない。ここで関心のある主な変数は，ジョージ・W・ブッシュとジョン・F・ケリーが，陸続きの 48 州とコロンビア特別区の各州で得た総得票数の割合である。この例の目的のために，各州の名簿にない記入候補者票 (write-in votes) は無視する。我々は，ケリー票に対するブッシュ票の比率を構築し，これを目的変数として使用する。

　地域パターンの文脈において，これらのデータ間に自己相関がどの程度存在するのかという疑問に答えるために，我々は，これらの政治的・地理的な単位である 49 のデータ間の空間的な接続性に関するいくつかの尺度を作成した。このような尺度は，単なる州の隣接性の尺度である。この文脈では，ワシントン州はアイダホ州とオレゴン州と州境を共有しているため隣接している。コロラド州はニューメキシコ州，アリゾナ州，ユタ州，ワイオミング州，ネブラスカ州，カンザス州，オクラホマ州と州境を共有している。コロラド州はニューメキシコ州，アリゾナ州，ユタ州，ワイオミング州，ネブラスカ州，カンザス州，オクラホマ州と州境を共有している。これらを図 4.5 に示す。

　次に，2004 年の大統領選挙の際のブッシュとケリーの各州の得票率の地図を見てみよう。図 4.6 に示されているように，2004 年の大統領選では，州別の投票数にも同様の強い地理的パターンが見

---

[3]2004 年の選挙データは本書のウェブサイト www.srmbook.com から入手できる。

図 4.5 米国の州におけるクィーン型の 1 次連結　出典：原著者により作成

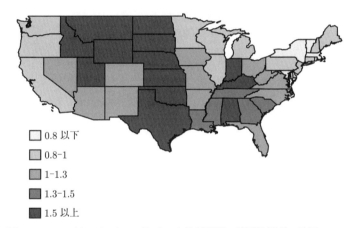

- □ 0.8 以下
- 0.8-1
- 1-1.3
- 1.3-1.5
- 1.5 以上

図 4.6 2004 年のブッシュ／ケリー大統領選挙の州別投票率の地図

出典：原著者により作成

られる。Moran の $\mathcal{I}$ は，Geary の $\mathcal{C}$ と同様に，このパターンの数値的根拠を示している。

　平均的な州別総生産 (gross state product, GSP) は，米国商務省の一部である経済分析局によるものである。州別経済の年次データは本書のウェブサイト www.srmbook.com で入手可能で，このデータには 1997 年から 2004 年までの GSP の成長率も含まれてい

表 4.6　2004 年大統領選挙におけるブッシュ／ケリー票の空間相関

Moran の $\mathcal{I}$	標準スコア	重み付け方法
0.39	4.7	州境を共有する州
0.49	5.7	4 の最近隣州
0.30	7.0	12 の最近隣州

Geary の $\mathcal{C}$	標準スコア	重み付け方法
0.65	-2.7	州境を共有する州
0.65	-3.6	4 の最近隣州
0.69	-5.1	12 の最近隣州

表 4.7　2004 年米国大統領選挙の州別ブッシュ／ケリー投票比率の各州の GDP 成長率（1997 年〜2004 年）に対する空間回帰

クィーン型	$\hat{\beta}$	$\mathrm{SE}(\hat{\beta})$	t 値
切片	0.86	0.21	4.00
GDP 成長率	-0.05	0.06	0.85
ρ	0.09	0.02	20.4

$n = 49$, 対数尤度 $(df = 3) = -25.63$

4 つの最近隣州	$\hat{\beta}$	$\mathrm{SE}(\hat{\beta})$	t 値
切片	0.63	0.23	2.72
GDP 成長率	-0.06	0.05	1.04
ρ	0.60	0.12	18.4

$n = 49$, 対数尤度 $(df = 3) = -25.19$

る。これらのデータは，2004 年の大統領選挙前の 7 年間の地域経済，各州の経済活動を特徴づけるものである。これらのデータを，2004 年大統領選挙の投票数を説明するための共変量として使用する。

　ここでは 2 つの基本的な空間接続行列を設定した。1 つは州境と頂点を共有するチェスのクィーン型の接続性に基づくもので，もう

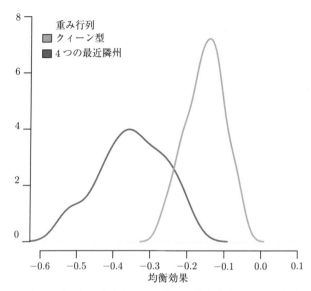

図 4.7　異なる重み付け方法を用いた空間隣接を考慮した目的変数の均衡
効果の事後分布　　　　　　　　　　　　　　　出典：原著者により作成

1つは4つの最も近い隣接州を選択したものである。表4.6は，そ
れぞれの特定の重み行列を用いたブッシュ／ケリー票の総数の空間
相関の推定値を示している。それぞれの空間隣接性を考慮した目的
変数を用いた回帰の推定結果を表4.7に示す。

　この結果から，GDPの成長率が高い州では，ジョージ・W・ブ
ッシュへの投票数が相対的に少なく，ジョン・F・ケリーへの投票
数が相対的に多いことが示唆された。すべて連続の場合は，空間的
に弱い正の相関 (0.09) が見られるのに対し，4つの最も近い隣接
州を使用する空間的重み行列の場合は，ブッシュ／ケリー票の比
率に強い正の相関 (0.60) が見られた。これら2つの異なる推定は，
標準的な回帰から得られる表において異なる結果をもたらすだけで
はない。より重要なことは，実質的に異なる均衡値をもたらすとい

うことである。図 4.7 に示すように，これら 2 つの異なる重み付け
方法の均衡効果の分布は，互いに正の相関があるにもかかわらず，
非常に異なっている。境界線の単純な接続性は均衡状態において平
均的な効果をもっており，最も近い 4 つの隣り合う州を用いて得
られる値 (-0.35) よりも控えめな値 (-0.15) であることがわかる。
この単純な例による結論は，重み行列は空間分析において非常に重
要であり，重み行列の小さな変動であっても，相対的に実証結果に
顕著な結果の違いをもたらすことである。

4.8　空間隣接モデル vs. ダミー変数を用いた OLS

　社会科学者は，世界のそれぞれの地域間にはかなりの不均一性が
あり，回帰モデルに含まれる国別の説明変数ではこの空間的変動を
十分に説明できないことをしばしば認識している。空間的な不均一
性に対処する一般的な方法は，地理的に異なる地域のダミー変数を
含めることである。ダミー変数を含めることによって，本質的に異
なる地域のモデルに異なる切片を当てはめ，それによって個別の地
域間の目的変数 y の固定的な平均差を考慮することが可能になる。
これは，応用研究において地域による不均一性を扱うための最も一
般的なアプローチであり，社会科学には，地域カテゴリーがダミー
変数として含まれているモデルが数多く存在する。さらに，このよ
うなモデルは，分析者の関心が高まるにつれ，より一般的になって
きている。プールされた OLS の推定値は，重要な地域固有の差異
を考慮に入れていない可能性があることを示している。

　たとえば，Lee(2005) は，民主主義と公共部門の規模が所得格差
に与える影響を検証する研究で，アフリカ，アジア，中南米の地域
ダミー変数を当てはめ，アジアと中南米は，モデル式に含まれる国
ごとの変数によって説明される以上に，ダミー変数（参照カテゴリ

表 **4.8**　地域ダミー変数を用いたモデルの推定値

	$\hat{\beta}$	$\sigma_{\hat{\beta}}$	t 値
切片	-1.89	5.06	-0.37
一人当たり GDP	1.15	0.34	3.39
中南米とカリブ海諸国	0.09	3.84	0.02
ヨーロッパ	-0.41	3.74	-0.11
サハラ以南のアフリカ	-4.71	3.97	-1.19
中東と北アフリカ	-11.77	3.85	-3.05
アジア	-5.97	3.92	-1.52
オセアニア	0.90	4.72	0.19

$n = 158$

対数尤度 $(df = 8) = -477.52$

$F(df_1 = 7, df_2 = 150) = 18.65$

ー：OECD）によって顕著な差を説明できると主張している。民主主義についての研究で Burkhart & Lewis-Beck(1994) は，世界経済の中核国，周縁国，半周縁国を区別しダミー変数を用いて，異なる世界システムの位置における民主主義のレベルの不均一性を考慮したモデルを推定している。

　地域ダミー変数を用いたモデルは，社会科学では明らかに人気があり，空間隣接 y モデルの代わりに用いられることがある。ここではまず，地域ダミー変数を追加した独自の OLS モデルの代替案を提示し，このモデルと空間隣接 y モデルの関係について触れる。表 4.8 は，中南米・カリブ海諸国，ヨーロッパ，サハラ以南のアフリカ，中東・北アフリカ，アジア，オセアニアの国々をダミー変数としたモデルである。参照カテゴリーは北米（米国，カナダ）であり，ここでは明記されていない。地域別の係数の推定値は，一人当たり GDP を一定とした場合の，それぞれの地域の国について北米との民主主義レベルの差を予測したものである。中南米とカリブ海

諸国，ヨーロッパ，オセアニアでは，平均的な民主主義レベルは北米とほとんど差がないようだが，サハラ以南のアフリカとアジア，特に中東と北アフリカでは，平均的な民主主義レベルがはるかに低い傾向にある。また，一人当たりの対数 GDP の係数の推定値は，すべての国を互いに独立したものとして扱った OLS モデルの場合（すなわち 1.68）よりもはるかに低いことにも注意が必要である。実際，このモデルの一人当たり対数 GDP の係数の推定値は，上述の空間隣接 y モデルの均衡効果の平均値 (1.09) に非常によく似ている。このことは，プールされた OLS が地域的な不均一性を大きく無視し，ダミー変数を当てはめて地域間の差異をコントロールすることで，地域的な不均一性の意味合いや，一人当たり GDP の影響を過大評価する可能性があるという議論を支持するものである。

　地域ダミー変数のアプローチは，空間隣接 y モデルに代わる適切なモデルなのだろうか？　この質問に答える一つの方法は，2 つのモデルの単純性を見ることであろう。ダミー変数を用いた OLS は，やや大きい対数尤度をもつが，これは 6 つの新しいパラメータを用いて当てはめることで達成されており，空間隣接 y モデルよりもパラメータが 5 つ多い。さらに，地域ダミー変数モデルは，それ自体が，これらの地域差がどのように発生したかという生成に関する背景を含んでいるわけではなく，単に地域間で観察された変動に基づいて，別々の切片を当てはめているだけである。一人当たり GDP の変化の結果としてある地域の国の民主主義レベルに変化があったとしても，地域差は固定しているとして扱われ，国は互いに影響を与えないので，他の国の予測値は変化しない。対照的に，空間隣接 y モデルには，1 つのパラメータしか追加されていないが，これは実質的には，接続されている国の間の民主主義レベル y がその国の民主主義レベルに与える影響として解釈できる。パラメータ数を気にせず，単純に当てはまりのもっともよいモデルを

得たいのであれば，明らかに，地域ダミー変数を用いた空間隣接 y モデルを用いることだろう。この場合，このモデルは，統計的に有意な正の推定値 $\hat{\rho} = 0.25$ が得られ，残差についての空間クラスタリングを示唆している。地域ダミー変数を用いて空間隣接 y モデルを推定する場合，分析者は，固定された地域差の仮定と空間隣接 y モデルにおける暗黙の内生性を調整する必要がある。$\mathbf{W}$ の表す接続性が地域の境界と非常に似ている場合，地域ダミー変数と空間隣接 y モデルのためのパラメータを別々に推定することは，多重共線性の問題と同様に難しいことが多いかもしれない。さらに，地域ダミー変数は，構造上，国を離散的な，または特定の地名をもつ地域に割り当てるのに対し，この場合の空間隣接 y 項は，接続行列 $\mathbf{W}$ に基づいており，接続性はそれぞれの国に固有のものであることに注意する必要がある。離散的な指定と比較して，国ごとの接続性の指定は，ギリシャやアイルランドのように地理的にかなり離れた国が同じクラスターに属することを強制しないという利点があり，トルコやロシアのように一般的に定義された複数の地域にまたがる国が 1 つの地域にのみ属することを強制しないという利点がある。

相互に排他的な地域が，観測値間の接続性を指定するための適切な方法であると信じていても，地域ダミー変数の指定は，一般的に空間隣接 y モデルの適切な代替案ではないかもしれないし，過度に制約的であると思われるさらなる仮定を伴う。これを理解するためにここで，k 個の異なるダミー変数ベクトル $\boldsymbol{D}_k$ による，$\boldsymbol{y} = b_1\boldsymbol{D}_1 + \cdots + b_k\boldsymbol{D}_k + \boldsymbol{e}$ の回帰について考えよう。i がそれ自身の隣接する国として含まれない接続リストまたは接続行列とは異なり，各地域は，i とそのすべての隣接する国の両方を含む。しかし，もし各地域のケース数が多い場合，$\mathbf{W}\boldsymbol{y} \approx b_1\boldsymbol{D}_1 + \cdots + b_k\boldsymbol{D}_k$ と示すことができる。つまり，ダミー変数回帰モデルは，$\boldsymbol{y} = b_1\boldsymbol{D}_1 +$

$\cdots + b_k \boldsymbol{D}_k \approx \mathbf{W}\boldsymbol{y} + \boldsymbol{e}$ と書き換えることができる。この意味で，ダミー変数回帰モデルは，特殊な空間隣接 y モデルであり，このパラメータを経験的に推定するのではなく，単純に $\rho = 1$ と仮定している (Lin et al., 2006)。言い換えれば，地域ダミー変数は，すべての地域内のすべての観測値が均質であり，相互に接続されていると仮定するのに対し，空間隣接 y モデルは，類似度を推定することを可能にする。さらに，空間隣接 y モデルは，広い範囲の接続性の形態をもつケースを容易に扱うことができるが，ダミー変数アプローチは，与えられたクラスター内のすべての分析対象となる観測地域が他のすべての観測地域に接続されており，クラスター間には連結がなく，観測地域が複数の異なるクラスターに属することもできない不連続なクラスターを想定している。

第5章

空間誤差モデル

5.1　はじめに

　前章では，隣接する区画の目的変数の値が，目的変数の値自体に直接影響を及ぼす空間隣接性を考慮した目的変数モデルを検討した。これはおそらく空間分析で直面する最も一般的な状況であり，空間依存性を考えるための最も一般的に有用な方法であるが，連続な目的変数をもつ線形モデルで空間依存性を表現するための唯一の方法というわけではない。ここでは，空間依存性がモデルの系統的な構成要素によるものではなく，誤差を経由して入るという考え方を検討する。このようなモデルは，一般的に**空間誤差モデル**(Spatial Error Model: SEM) と呼ばれている。また，空間回帰モデルを地理的でない指標に基づく距離尺度へ拡張する可能性についても，SEM の文脈の中で検討する。

5.2　空間誤差モデル

　空間隣接性を考慮した目的変数モデルでは，y_i が他の国 $j(j \neq i)$ の値 y_j に**影響を受ける**実質的な空間依存性が見られる一方で，SEM では統計的アプローチが時系列相関を扱うのと同じように，

空間的相関を厄介で面倒なものとして扱う。このアプローチは，一般的に，モデルの系統的な部分において関心のある説明変数のパラメータを推定することに焦点を当てており，観測された相関関係がデータ生成過程に何らかの影響を与えている可能性は本質的に無視している。SEM は，y_j が y_i に直接影響を与えるのではなく，モデルの誤差が空間的に相関していることを前提としている。このような手法は無数にある。本書では，空間重み付けの観点からの地理的な政治体制の符号化に基づく簡単なモデルに焦点を当てる。地理統計学的な共分散構造に焦点を当てている他の重要なアプローチもあるが，本書では扱わない。このように，他の国 j が i にどれだけ近いかを示す $\mathbf{W}$ のベクトルを $\mathbf{w}_{i\cdot}$ とすると，SEM は次のように書ける。

$$y_i = \boldsymbol{x}_i\boldsymbol{\beta} + \epsilon_i + \lambda\mathbf{w}_{i\cdot}\boldsymbol{\xi}$$

ここでは，全体の誤差を 2 つの成分に分解している。つまり正規分布に従う空間的に相関しない $\boldsymbol{\epsilon}$，および誤差項の空間成分を示す $\boldsymbol{\xi}$ である。パラメータ λ は，接続性のベクトル $\mathbf{w}_{i\cdot}$ で与えられるように，誤差 $\boldsymbol{\xi}$ の空間成分が，近隣の観測値に対して互いに相関している程度を示す。あるいは，以前に定義された表記に基づいて，行列形式で SEM を記述することができる。

$$\boldsymbol{y} = \mathbf{X}\boldsymbol{\beta} + \lambda\mathbf{W}\boldsymbol{\xi} + \boldsymbol{\epsilon}, \ \boldsymbol{\epsilon} \sim N(\mathbf{0}, \sigma^2\mathbf{I})$$

また，これは誤差項を $\boldsymbol{u}$ にまとめて次のように表すことができる。

$$\boldsymbol{y} = \mathbf{X}\boldsymbol{\beta} + (\mathbf{I} - \lambda\mathbf{W})^{-1}\boldsymbol{u}$$

　隣接する観測値 i と j の誤差の間に空間的な相関がない場合，空間誤差パラメータ λ は 0 になり，モデルは，個々の観測値が互いに独立している標準的な線形回帰モデルに帰着し，従来の方法で推

定することができる。しかしながら，空間誤差パラメータ $\lambda \neq 0$ の場合，隣接する観測値の誤差の間に空間依存性のパターンが生じる。これは単なる偶然かもしれないし，系統的な要素におけるモデルの誤特定，特に空間的クラスタリングによる変数が省略されていることを反映している可能性がある。社会科学者は通常，正の空間的相関を観察することを期待している。これは，類似した値のクラスタリングを意味し，つまり，観測 i の誤差は，近くの観測 j の誤差とともに，サイズが系統的に変化する傾向があるので，i の誤差が小さく（大きく）なると，j の誤差も小さく（大きく）なる傾向がある。観測値が独立していると仮定して OLS を実行した場合，誤差項間の空間的相関の結果はどのようなもので，どのような意味合いがあるのだろうか？ $\lambda \neq 0$ のとき，空間的相関を無視した OLS 係数は，偏りがないものの，係数の推定値の標準誤差は間違っている可能性が高い。OLS が独立した観測値を仮定した分散の推定値に依存していることを思い出してほしい。この仮定が正しくない場合，標準誤差の OLS 推定値 $\hat{\sigma}$ は，経時的に連続的に相関した誤差の場合と同様に，実際の分散を過小評価する傾向がある。これは，分散の推定値が近くの観測値との誤差項間の相関を無視するために起る。さらに，推定された係数は，必ずしも有効推定量ではなく，興味のある特徴の影響の真の値に近いものでもない。SEM による推定は後述するが，まずその解釈と空間隣接 y モデルとの関係に注目する。

　SEM と空間隣接 y モデルは，それぞれが観測値間の空間依存性を示唆しているので，表面的には似ているように見えるかもしれない。しかし，2 つのモデルは，実際には非常に異なる実質的な意味合いをもっている。空間隣接 y モデルは，観測値間のフィードバックをもつ同時モデルである。y_i の値は y_j の値に影響を与え，y_j の値は y_k の値に影響を与え，y_k の値は y_i の値に影響を与える。

前に見たように，1つの観測値 i の説明変数の異なる値は，接続された観測値を通して伝搬し，正味の効果は，空間隣接 y 項を介して，他の接続された観測値の説明変数の違いによる効果に依存する。対照的に，空間誤差モデルでは，誤差項を通してのみ依存性がモデルに入る。ここで，空間隣接 y 項がないことは，i の説明変数の差が，i に接続された観測値の結果には影響を与えないことを意味する。したがって SEM において観測値は，観測値間の距離以外の未知で測定できない何らかの相関する要因のみによって関連していることになる。

5.3　SEM の最尤推定値

空間隣接 y モデルの場合，空間隣接項の係数 ρ は，明示的にモデルに含まれる関心のあるパラメータである。SEM では，λ は，明示的にモデルに含まれる関心のある説明変数ではなく，残差の相関を示す係数である。$\mathbf{X}$ の係数 $\boldsymbol{\beta}$ のみを推定することに興味があり，λ を完全に無視すると，OLS の推定値は，空間隣接 y モデルの場合とは異なり，SEM では不偏性と一致性をもつ。しかし，この場合，標準誤差は正しくなく，推定された係数は必ずしも有効性をもたない。これらの問題は，自己相関の存在下でよく使用される一般化最小二乗推定量に類似した一般化最小二乗法を使用することで解決できる。これは通常，空間接続行列の固有値に基づく最尤推定法を使用して行われる。

空間隣接性を考慮した誤差モデルの対数尤度関数は

$$\ln\mathcal{L}(\boldsymbol{\beta}, \sigma, \lambda) = \ln|\mathbf{I} - \lambda\mathbf{W}| - (n/2)\ln(2\pi) - (n/2)\ln(\sigma^2)$$
$$- (\boldsymbol{y} - \lambda\mathbf{W}\boldsymbol{y} - \mathbf{X}\boldsymbol{\beta} + \lambda\mathbf{W}\mathbf{X}\boldsymbol{\beta})'(\boldsymbol{y} - \lambda\mathbf{W}\boldsymbol{y} - \mathbf{X}\boldsymbol{\beta} + \lambda\mathbf{W}\mathbf{X}\boldsymbol{\beta})/(2\sigma^2)$$

となる。

　空間隣接 y モデルの対数尤度と同様に，行列式 $|\mathbf{I} - \lambda\mathbf{W}|$ を巡る難しい問題に直面するが，これは求めるのに手間がかかる n 次の多項式となる。しかし，この行列式は接続行列 $\mathbf{W}$ の固有値 ω_i の積の関数 $|\mathbf{I} - \lambda\mathbf{W}| = \prod(1 - \lambda\omega_i)$ として書くことができるという Ord の 1975 年の結論を再び利用しよう。なぜなら固有値 ω_i は最適化する前に決定することができ，このステップを他のパラメータに対する尤度の評価と切り離すことができるからである (Anselin, 1988; Bivand, 2002)。これらの推定は，R の spdep を含む一般的な統計ソフトで実装されている。

5.4　事例紹介——民主主義と開発

　SEM の実際の例を示すために，まず第 4 章で取り上げた「民主主義と富」の例を再び扱う。この場合のデータは先ほどと同じものを使用しており，各変数の詳細については第 4 章を参照してほしい。表 5.1 は，民主主義と GDP の例の 3 つの推定値を表示している。「空間誤差」の列は，空間的に相関した誤差を許容するモデルの推定値を示し，「OLS」と「空間隣接」の列は，前述の OLS と空間隣接 y モデルの推定値を再び載せている。空間誤差モデルを推定する R コードはサポートページにある。

　表 5.1 に示すように，SEM では，一人当たり GDP の効果に関する係数の推定値が非空間的な OLS モデルで見られる係数の推定値ほどではないが，空間隣接 y モデルの対応する係数よりもかなり大きい。これより，OLS モデルは隣接する国間の民主主義と一人当たり GDP の空間的なクラスタリングを考慮していないため，一人当たり GDP の直接的な影響を過大評価している可能性が高いように感じるだろう。その意味では，独立した観測値を前提とした OLS モデルでは，推定値の精度も低く，空間隣接性は省略された

表 5.1 通常の最小二乗（OLS）モデル，空間隣接モデル，および空間誤差モデルの推定値[a]

	目的変数：政治指標値		
	OLS	空間隣接	空間誤差
定数	−7.27	−5.06	−6.31
	(2.76)	(2.37)	(3.49)
GDP	1.30	0.79	1.21
	(0.32)	(0.28)	(0.39)
空間		$\rho = 0.57$	$\lambda = 0.58$
		0.08	0.000
観測値	180	180	180
対数尤度	−583.33	−556.04	−560.00
AIC	1,173	1,118	1,129

注）AIC は赤池情報基準を表す

変数と考えることができる。これに対して，SEM では一人当たり GDP と民主主義の正の空間的相関が補正されており，この補正によって GDP の影響に関する係数の推定値が小さくなる。しかし，空間誤差項の推定値は，観測値間の空間的依存性だけが，モデルの系統的な構成要素にはない誤差または除外された要因に起因するモデルを想定している。対照的に空間隣接 y モデルでは，国 i の一人当たり GDP の増加による正味の影響の一部は，国 i への即時効果を j に及ぼし，その効果が空間隣接項を通じて国 i へフィードバック効果を及ぼすことで実現される。結果として，民主主義指標は他の国へ影響を与え，ある均衡状態に達するまでシステムを通じて伝播される。したがって，空間隣接 y モデルにおける一人当たり GDP の推定係数は，空間的に相関した誤差モデルよりも小さいよ

---

[a]訳注：この表の AIC は空間隣接 y モデルをベストモデルとしている。

うに見えるだろう。それは，モデルが暗にもつ長期的な正味の均衡
効果よりも，むしろ即時効果を反映しているからである。

5.5 空間隣接 y モデル vs. 空間誤差モデル

ここでの 2 つの空間モデルの係数 ρ と λ は大きく，それらの標
準誤差よりも明らかに大きいので，これらのデータには明らかな空
間依存性があり，独立な観測値を仮定する標準的な OLS 回帰では
誤解を招くと結論づけることができる。しかし，これは，空間隣接
y モデルと空間的に相関した誤差モデルのどちらが優れたモデルな
のかという疑問を残す。空間隣接 y モデルと SEM を純粋に統計的
な理由で区別することは困難である。2 つのモデルは入れ子になっ
ていないので，モデルに追加の制約を課す仮説検定でよくあるよう
に，一方を他方の部分集合として見ることはできない。しかし，入
れ子になっているモデルを比較するために形式的な検定を使用す
ることは可能である[1]。しかし，これだけでは結論に至らないこと
も多く，一方のモデルを他方のモデルよりも強く支持することを
示唆するものではないであろう。この場合，2 つのモデルの対数尤
度は，空間隣接 y モデルの対数尤度が空間的に相関した誤差モデ
ルの対数尤度よりもわずかに小さいだけで，非常によく似ているこ
とがわかる。どちらのモデルも同じ数のパラメータを含んでいるの
で，一方が他方よりも簡潔であるという明確な根拠はなく，したが
って，データへの適合性という点だけで 2 つのモデルを区別する
ための経験的な指針はほとんどない。一つのアプローチとしては，
クロスバリデーションやサンプル外予測検定 (out-of-sample test)
があるが，これらのアプローチは本書の範疇を超える。

---

[1] 入れ子になっていない検定の議論については，たとえば，Clarke (2001)
を参照のこと。

　より重要なことは，空間隣接 y モデルと SEM のどちらが最も適切なのかは，実は理論上の問題であり，特定の研究課題に照らし合わせて検討されなければならないということである。もしデータがフィードバック効果をもつことを想定，あるいは関心があるのであれば，空間隣接 y モデルの方がより適切なモデルであるように思われる。民主主義の例では，ある国の民主主義のレベルが，他の国がどの程度民主的であるかに影響を受けると予想するのは非常に合理的であると考えられる (Gleditsch, 2002b; Gleditsch & Ward, 2006)。対照的に，他国のレベルから波及効果があると主張するのではなく，モデルの誤差に，空間的な相関を誘導するような，系統的な成分から省略された他の特徴があると主張するのは，はるかに信憑性が低いように思われる。したがって，この場合は，空間隣接 y モデルが SEM よりも適切であると考えられる。

　より一般的には，SEM が社会科学への応用に関してあまり関心を抱かれることがないと思われ，本書での見解では，SEM は主に，研究者が誤差項に反映される空間的パターンがあると信じていながら，誤差の起源について仮定をおかない，またはおけない場合に適していると考えている。この理由は，社会科学で提案されたほとんどのモデルが，観察された空間的クラスタリングを完全に捉えるような観測値の属性をあまり指定していないからである。結果として，空間隣接性を考慮した目的変数の文脈でその指定を行うことには，まだ活用できる場面が多い。しかし，メカニズムの重要な部分が理解され，モデルの系統的成分で完全に特定されている領域において誤差項に相関が多少残っている場合は，この疑問を補正するために SEM を採用することが有用であろう。全体として，社会科学で用いられるモデルは一般的にデータ間の依存性にはほとんど注意を払わない傾向があるため，空間誤差モデルはしばしば実質的な改善を促すことができる。

5.6　貿易フローの空間誤差の評価

　SEM がより適切であると思われるケースを説明するために，二者間貿易 (dyatic trade) フローの研究への応用を考えてみよう。二者とは，2 つの対象のペアのことで，その目的変数は，対象間の形質や相互作用の何らかの尺度である可能性がある。ここでは，国 i と j との間の貿易量のことである。相互作用の方向を区別したい場合には，i の j に対する行動について $i \rightarrow j$ と表記することができる。また，双方向の相互作用については，添え字 $i \leftrightarrow j$ で表記する。n 者間の場合には，$n \times (n-1)$ の向きのある関係，あるいは $[n \times (n-1)]/2$ の向きのない関係になる。国際関係では，たとえば 2 つの国 i と j の間の衝突など，ある特徴が特定の事象や行動の可能性にどのように影響を与えるかを推定することに興味があるかもしれない。

　国際的な関係の二者間分析における従来のアプローチは，相互作用を二者間の特性またはそれらが構成する 2 つの国の関数として扱い，個々の関係を互いに独立したものと見なして，離散的な説明要因を考慮に入れた上で扱うことである。SEM は，そのような観察の間で起りうる依存性に対処するのに有用である[2]。

　国際貿易のための代表的なモデルは，最初に導入されて以来，実質的には変化していない。これらのモデルは，ニュートンの重力モデルの分析に基づいている。貿易は貿易国の経済規模の関数であるが，貿易国の格差に反比例する。既存の実証研究では，国 i と国 j との間の貿易の程度に影響を与えうる多くの要因が示唆されている。実証的な貿易モデルの代表的なものに，いわゆる貿易の重力モデル (gravity model) がある。モデルは通常，対数形式の加法モ

---

[2] その他の依存性も含めたより詳細な検討は Ward & Hoff (2007) を，2 値の目的変数については Ward et al.(2007) を参照。

デルとして記述される。2 国間の貿易量 $(T_{i \to j})$ は，2 つの経済圏
の大きさ (GDP$_i$ と GDP$_j$)，人口 (P_i と P_j)，および地理的な距離
$(D_{i \to j})$ に依存することが前提となり，次の対数型の加法モデルで
表される：

$$\ln(T_{i \to j}) = \alpha + \beta_1 \ln(\text{GDP}_i) + \beta_2 \ln(\text{GDP}_j)$$

$$+ \beta_3 \ln(P_i) + \beta_4 \ln(P_j) + \beta_5 \ln(D_{i \to j}) + \epsilon$$

貿易量の係数 $(\beta_1, \dots, \beta_4)$ は正の値であり，距離の係数 (β_5) は負
の値であることが期待される。Feenstra et al. (2001) と Rose (2004)
は近年の応用例を示している。

　この重力モデルに政治的な変数は含まれていないが，多くの社会
科学者は，政治的要因が貿易フローにどのように影響を与えるかに
関心をもってきた。たとえば，Pollins (1989ab) は，政治的関係が
貿易量に強い影響を与える可能性が高いと主張している。Morrow
et al. (1998) は，民主主義国は他の民主主義国との貿易をより多く
行う可能性が高く，軍事的な紛争は他の国との貿易をより少なくす
ることに関連しているとしている。どちらの実証分析も，これらの
特徴が貿易フローに影響を与えていることを示唆している。

　貿易に関する研究であまり注目されてこなかった問題の一つに，
二者間の観測値が互いに独立していない可能性があるという潜在
的な問題がある。二者間の観測値が時間的に独立していない可能性
があるという潜在的な問題についての研究もあるが (Beck & Katz,
2011)，ほとんどの研究では，同じ時点での異なる二者間の観測値
は互いに独立していることを前提としている。しかし，貿易フロー
には，これが当てはまらない可能性があると予想される理由がたく
さんある。2 国間のデータは，同じ国が非常に多くの貿易関係に入
るため，複雑な構造をもつ傾向がある。第一に，貿易フロー $T_{i \to j}$
と $T_{i \to k}$ は，輸出国が同じため，互いに独立しているとは考えられ

ない。第二に，ある国 i から j への貿易フロー $(T_{i \rightarrow j})$ は，多くの場合，逆向きの j から i への貿易フロー $(T_{i \leftarrow j})$ と正の相関がある。このようなデータには，高次の依存関係もよく見られる[3]。経済学者は，通常，$T_{i \rightarrow j}$ と $T_{j \rightarrow i}$ の値を平均化し，この三角行列の分解を分析する。そのような手順は，観測値間のより多くの依存性を保証している。さらに，報告されているほとんどの貿易データは，他の 2 国間の貿易フローに基づいて補完されているように見える推定値に依拠していることが広く知られている。このような推定値は，これらの数値に自己相関関係を引き起こす可能性がある。たとえば，世界銀行が報告している貿易データでは，データの品質を測るための一般的な検査に用いられるベンフォードの最上位桁の分布の法則から大きく乖離しており，数字が捏造されていることを示す根拠となる可能性がある[4]。

　観測された貿易フローではなく，特定の二者間の誤差項が結びついていると予想されるため，空間隣接性を考慮した誤差モデルが適切だろう。正味量は，関係する貿易フロー上の国の経済力に依存するが，これだけを条件とすると，二者間の依存性による誤差の変動を考慮に入れることができない。本書ではすでに，2 つの単位間の地理的距離の観点から，距離と隣接性について説明した。ここでは，共通の国を共有する 2 国に由来する依存構造を提案したが，

---

[3] Wasserman & Faust (1994) は，社会的ネットワーク分析の定番である二項対立データを用いた三項対立の考え方を概説している。

[4] 物理学者フランク・ベンフォードにちなんで名付けられたこの最上位桁の法則は，データ中の最上位桁の数［訳注：321 の場合は百の位である 3］は 1 が最も多く，それ以下の数は次第に少なくなる法則，より正確には，最上位桁に数 p が出現する頻度が $\log(p+1) - \log p$ で近似されるというものである。この法則は自然界に存在する多くのデータに当てはまり，この分布からかけ離れているデータは品質が低い，または不正されていることを示す根拠として利用できることが示唆されている。ベンフォードの法則については，Varian (1972) を参照されたい。

ここでの依存構造は従来の意味での空間的なものではない。しか
し，空間的な概念を非地理的な距離の概念に適用することを妨げる
ものは何もない。この場合，他の二者が少なくとも i または j のい
ずれかを含む場合，特定の関係 $i \rightarrow j$ に接続されていると見なさ
れるような重み付け法を考えることができる。距離の代替的な尺度
についてのさらなる議論は Beck et al. (2006) を参照せよ。

　実証的な応用として，Gleditsch (2002a) のユーロ圏とアフリカ
の 2 国間の貿易データを考える。具体的には，国 i から国 j への輸
出 ($T_{i \rightarrow j}$) に注目する。アフリカとヨーロッパのサンプルは，デー
タの質にばらつきがあると思われるが，アフリカ諸国のデータよ
りもヨーロッパの貿易データの方が精度が高いと予想されるため，
興味深い比較が可能である。このサンプルの貿易データはすべて
1998 年のものである。ここでは，国際通貨基金やその他の国際機
関が報告した貿易フローと考えられる観測データが，ヨーロッパの
全 2 国間貿易の約 75% を占めている（Gleditsch (2002a) のデータ
では 0 または 2 のコードで表されている）。しかし，アフリカにつ
いては，公式に報告されている数字に頼ると，2 地域間の貿易フロ
ーの 15% のデータしか得られない。ここでは，公式に報告されて
いるヨーロッパのデータのみを使用するが，アフリカの貿易フロー
の分析には，より重要な推定値を含むすべての情報源からの推定値
を採用することにする。

　標準的な重力モデルの変数には，2 つの対象となる国の経済規模
と人口，首都間距離が含まれる。さらに，貿易の政治的決定要因
に関するこれまでの文献に基づき，国連投票記録に基づく類似度
スコア S による政治的志向の類似性をモデルに含めた (Signorino
& Ritter, 1999)。民主主義指標は，Polity 4 データを用いている。

表 5.2 ヨーロッパにおける輸出 $T_{i \to j}$

変数	通常の最小二乗法			空間誤差モデル		
	$\hat{\beta}$	$\sigma_{\hat{\beta}}$	t 値	$\hat{\beta}$	$\sigma_{\hat{\beta}}$	Z スコア
切片	-32.70	0.67	-48.82	-33.94	1.71	-19.90
民主主義[a]	0.38	0.06	5.93	0.43	0.10	4.38
人口 i[a]	0.86	0.02	40.37	0.89	0.03	31.46
人口 j[a]	0.75	0.02	34.93	0.77	0.03	27.33
一人当たり GDPi[a]	1.54	0.04	35.23	1.56	0.06	17.35
一人当たり GDPj[a]	1.01	0.04	23.07	1.03	0.06	7.66
S[a]	0.33	0.05	6.92	0.35	0.05	7.69
$i \leftrightarrow j$ の距離[a]	-0.34	0.01	-24.33	-0.34	0.01	-25.83
$i \leftrightarrow j$ の紛争件数[a]	$\boxed{-1.94}$	0.27	-7.14	$\boxed{-1.48}$	0.29	-5.01
λ				$\boxed{0.98}$	0.01	73.73
n		1,500			1,500	
自由度		8			9	
対数尤度		-2324.8			-2239.668	

a:対数

ここでは，Freedom House のデータ[5]に基づいて，オリジナルの
Polity データに含まれていない国の推定値を含む修正版を使用し
ている。Jaggers & Gurr (1995) によって提案された 21 の制度化
された民主主義指標の 2 つの値のうち，低い方の値を使用し，す
べての値が正の値になるようにスケーリングしなおした。最後に，
2 つの国が軍事化された国家間紛争に関与しているかどうかを検討
する (Jones et al., 1996)。

表 5.2 と表 5.3 は，ヨーロッパとアフリカの 2 国間の貿易フロー
に関する OLS と，空間的に相関した誤差モデルの推定値を示して
いる。λ の推定値から示唆されるように，アフリカとヨーロッパ
のサンプルの両方で，二者間には正の強い空間的相関関係を示す
根拠がある。さらに，OLS と SEM の推定値を比較すると，貿易

---

[5]http://www.ksgleditsch.com/polity.html を参照。

表 5.3 アフリカにおける輸出 $T_{i \to j}$

変数	通常の最小二乗法			空間誤差モデル		
	$\hat{\beta}$	$\sigma_{\hat{\beta}}$	t 値	$\hat{\beta}$	$\sigma_{\hat{\beta}}$	Z スコア
切片	-7.41	0.33	-22.38	-7.47	1.45	-5.16
民主主義[a]	-0.04	0.04	-1.08	-0.01	0.05	-0.15
人口 i[a]	0.26	0.01	20.51	0.26	0.02	14.45
人口 j[a]	0.23	0.01	17.81	0.23	0.02	12.55
一人当たり GDPi[a]	0.38	0.02	17.96	0.38	0.03	12.78
一人当たり GDPj[a]	0.31	0.02	14.82	0.31	0.03	10.55
S[a]	3.41	0.40	8.50	3.43	0.47	7.24
$i \leftrightarrow j$ の距離[a]	-0.17	0.01	-20.81	-0.17	0.01	-22.21
$i \leftrightarrow j$ の紛争係数[a]	$\boxed{-0.71}$	0.18	-3.85	$\boxed{-0.42}$	0.18	-2.37
λ				$\boxed{0.99}$	0.01	124.2
n		2,550			2,550	
自由度		8			9	
対数尤度		-3096.2			-2945.9	

a:対数

量の変動の政治的決定要因に関する文献で強調されているいくつかの効果の大きさの点推定値は，2国間貿易を独立した観測値として扱うのではなく，共通した地域に位置するなどの2国間のメンバーシップ構造に基づく残差の空間的相関を考慮に入れたときに，顕著に変化することがわかる。特に，軍事化された国家間紛争 (militarized interstate dispute) の負の効果に関する係数推定値は，二者の空間的相関を考慮に入れると，ヨーロッパのサンプルでは25%近く，アフリカのサンプルでは40%以上減少する。民主主義に関する係数の推定値は，アフリカのサンプルでは元のサイズの約4分の1に減少しているが，ヨーロッパのサンプルでは15%近く増加している。さらに，個々の係数の推定値の標準誤差は，一般にOLSモデルよりもSEMの方が大きく，個々の二者の関係の観測値を互いに独立したものとして扱うモデルは，小さすぎる標準誤差により推定値に過剰な信頼性を誘発する危険性があることを示

している。より一般的には，従来の閾値に基づいて有意な係数から有意でない係数に切り替わるものはないが，個々の二者間の関係を互いに独立したものとして扱う分析から得られた多くの明確な知見は，観測値間の空間依存性を考慮に入れると，ロバスト性が低くなる可能性があることは確かである。

5.7 まとめ

本章では，空間依存性の空間相関誤差モデルを紹介した。一般的に，統計的基準だけに基づいて，空間相関誤差モデルと空間隣接 y モデルのどちらが適切かを判断することは難しい[b)]ので，研究者はどちらが空間的依存性を組み込むための最も説得力のある方法を提供するかを慎重に考えるべきである。ある対象について，目的変数の値が近隣の応答変数から直接影響を受けると予想する場合は，空間隣接 y モデルが適切であるが，回帰モデルの系統的な部分に含まれていない観察されない特徴が，モデルの誤差の中で空間的に相関したパターンにつながる可能性があると考える場合は，空間相関誤差モデルが適切であると主張してきた。1つの国が多数の異なる2国間の観測値に入る依存性の例は，空間的な距離の概念が，地理的距離以外の測定基準に基づく距離の概念にどのように拡張できるかも示している。より高度で包括的な処理は，Bivand et al. (2013) に掲載されている。

[b)] 訳注：ただし表5.1の AIC は空間隣接 y モデルをベストモデルとしている。

第6章

発展的内容

6.1　はじめに

　本書ではこれまでに，社会科学データの分析において空間的パターンを考慮に入れることの必要性と利点を示した。すなわち，**空間隣接性を考慮した目的変数**（y_i の値が隣接した区画単位の値 y_j に与える影響）と，隣接する観測値の誤差に空間的な相関がある**空間誤差モデル**である。これら2つは広く使用されている空間回帰手法であり，多くの応用に有用である。しかし，空間回帰モデルにはさらに多くの手法があり，我々が考慮していない他の設定への拡張もあるが，本書で説明した内容は目的変数が連続型で同時期のデータに限定されている。本章では，空間統計モデルの拡張と，空間分析に携わる人が直面する難問について概説する。この概説を簡単にするために，これらの代替的な拡張とアプローチについて実例は紹介しないが，さらなる参考文献を示している。Bivand et al. (2013) は，R 統計パッケージのためのさらなる教育用の資料を提供している。

6.2　隣接性の指定

　分析者が直面している重要な問題の1つは，観測値間の隣接性

をどのように構築して扱うかということである。空間回帰モデル
のほとんどのアプリケーションでは，観測値間の接続性の定義が
あらかじめ決められていることを前提としている。その定義は，観
測値が実質的に依存している可能性の高い方法についての理論お
よび直感に基づくべきである。実際には，便利さや最先端と思われ
る一般的なアプローチに基づくことが多い。研究者は，接続性を選
択し，符号化する方法によって，異なる世界観を生み出す可能性が
あることを認識すべきである。異なる結果が対象間の接続性の直接
的な特定にばらつきを生じさせることは自明である。しかし，これ
らの選択は，モデル化された共分散構造と同様に，空間依存パラメ
ータによって示される空間構造にも影響を与える (Wall, 2004)。地
理的距離に基づいていると考えられる接続性の場合でも，同じ空間
トポロジーであっても，研究者の判断に基づいて異なる接続性構造
を生成することができる。これを見るために，図 6.1 に示す米国の
一部の地図の中の 3 つの一般的な空間符号化，チェスの駒にちな
んだルーク型（共通の境界），ビショップ型（共通の頂点），クィー
ン型（境界と頂点の両方）の違いを考えよう。コロラド州とユタ州
は，共通の境界を共有し，頂点を共有し，境界と頂点の両方を共有
する隣接する州である。コロラド州とアリゾナ州は境界を共有して
いないが，頂点を共有している。現代における世界政治地図で，南
西アフリカのカプリビ回廊だけが，まったく同じではないがこれと
似た状況を示す唯一の例である[1]。

　より一般的には，行政中心部間の最小距離や，地理的な重心また
は中点の距離に基づいて，ある程度の距離の閾値の範囲内にある
場合には，**近い** (close) と識別する。Gleditsch & Ward (2001) は，
一般的な中点測定の問題点のいくつかを論じている。すなわち，行

---

[1] ウェブページ http://babakfakhamzadeh.com/article/from-zambia-to-botswana-nearly-a-quadripoint を参照のこと。

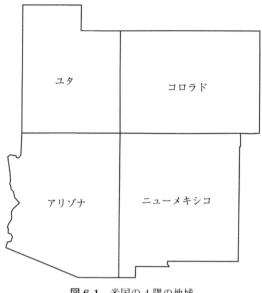

図 6.1 米国の 4 隅の地域

政中心部の場合は大きな地域の境界から離れていることも，奇妙な形をした地域の場合は境界の外にある可能性もある。閾値が狭すぎると孤立する国が多くなってしまうかもしれない。これはニュージーランドの周辺で起る問題である。つまりオーストラリアのアリススプリングスからニュージーランドのクライストチャーチまでの距離は 4,100 km であり，パリからタンザニアのダルエスサラームまでの距離とほぼ同じである。つまり，オーストラリアとニュージーランドの重心を結ぶ距離を閾値として選択し，他の国にも同じ基準を適用してしまうと，ほとんどのアフリカ諸国や中東・アジアの国がフランスの直接の隣国になってしまう。境界線が広すぎると，ほとんどすべての国が他のすべての国に隣接してしまう。図 6.2 は，2 つの国の中心地が 400 km および 4,000 km 以内にある場合に国を連結したグラフであり，密度が劇的に変化することを示し

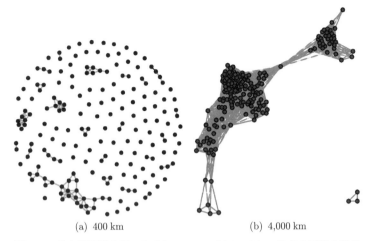

(a) 400 km (b) 4,000 km

図 6.2 重心間距離を用いた (a)400 km，(b)4,000 km 地点の国間の連結性
出典：原著者により作成

ている。特別な接続性を追加したり，各観測の k 個の最も近い近傍を選択するアルゴリズムを使用したりするその場限りの取り決めは，なぜ同じ基準が他のケースには適用されないのかという疑問を残す。しかし，そのようなその場限りの取り決めは，応用研究においては有用であるかもしれないし，必要かもしれない。つまり，接続性の定義を選ぶことは，異なるネットワークを介した影響の拡散が異なる結論を導くため，その経験的に得られる結果に常に実質的な意味をもつ[2]。

---

[2]集計区画の問題 (modifiable arial unit problem) は，地域境界の変更が統計結果に影響を与えるバイアスの原因として，地理学の分野でよく知られている。この問題は 2017 年に，ゲリマンダー（選挙において特定の政党や候補者に有利なように選挙区を区割りすること）の文脈でより広く知られるようになった。これは（1812 年に）マサチューセッツ州の知事 Elbridge Gerry の下で民主党が恣意的に区割りしたのとほぼ同じ方法で，2011 年にウィスコンシン州の共和党による再編成で境界線が修正され，そ

貿易フローのような地理的でない尺度に基づく接続性は，さらなる問題を引き起こす可能性がある。より具体的には，地理的でない距離測定値が，実際の空間モデルにも含まれる変数に基づいている場合，接続性は外生的ではない可能性があり，その結果，識別だけでなく推定にも問題が生じる。研究者は，研究対象の空間的な相互作用のプロセスにもっともらしく適合する接続行列を考案すべきである。このように，「正しい」アプローチを一意に定義する簡単な診断法や発見的な手法は存在しない。また，接続性を特定する際の問題は，空間依存性がないという帰無仮説を検定する際にも障害となることを強調したい。

1992 年，Florax と Folmer は，一般線形モデルの文脈で，空間隣接の外生変数のみを含む空間モデルを開発した。このアプローチは，Vega & Elhorst (2015) によって再発見され，空間隣接項における重みを正しく特定する問題の解決策として研究されている。これらは，3 つの種類の識別問題として取り上げられてきた。最初に，観測値間には $n \times (n-1)$ の可能な連結があるが，最大でも $n \times t$ 個の観測値があり，ここで t はパネルの数（通常は n よりも非常に少ない）である。この情報を描写する重み行列が地理関係に基づいている場合，地理関係は $\mathbf{W}$ のとりうる値に強い制約を課す。重み行列にパラメータが含まれる場合でも，推定されるパラメータの数は非常に速く増加する。第二に，地理的枠組みから外れ，観測すべき実際の重み行列が存在しないという仮説上の識別問題がある。これは，推定されたモデルのパラメータは，$\mathbf{W}$ がデータ生

こに焦点を当てた裁判が 2017 年 10 月にあったためである。結果としてできあがった 1812 年の選挙区の形が，神話のサラマンダーのように見えたため，「ゲリマンダー (Gerry-mander)」と呼ばれるようになった。19 世紀の民主党にはコンピュータによる分析ができなかったが，ウィスコンシン州の共和党は分析していた。

成過程の本質的な部分であると事前に指定されていない限り，互い
に識別できないかもしれないことを意味する。第三の問題は，（ほ
とんどの一般線形モデルに問題があるのと同様に）標準的な空間モ
デルに問題を引き起こす内生性がありうることである。

　最近，Vega & Elhorst(2015) は，これらの潜在的な問題の解決
策として，いわゆる空間隣接 x 項 (spatially lagged x: SLX) モデ
ル（当初は Florax & Folmer (1992) で導入された）を研究してい
る。このアプローチは u を誤差項として次のように与えられる。

$$y = \mathbf{X}\beta + \mathbf{W}\mathbf{X}\theta + u$$

　この式は，空間隣接性を考慮した目的変数をもたないので，主な
変数の観測値間の実質的な依存性はない。その代わりに，y の間の
内生性または依存性が，説明変数 $\mathbf{X}$ に適用される空間的重みによ
って捉えられると考える。これは，発生しうる局所的な 1 次の効
果 (spill over) のみをもち，1 次接続の隣接区画を超える波及効果
はない。この単純化の利点の一つは，解析解をもつ単純な回帰（た
とえば OLS）が実施できることである。しかし，このアプローチ
では，重みパラメータ θ を一意に識別できない。その結果，この
アプローチの主な利点の一つであった解決しようとしていた問題を
再び招き入れてしまう。次項にその例を示す。

6.2.1　空間 Durbin モデル

　空間隣接性を考慮した目的変数 y をもつモデルに加えて，空間
隣接 y 項モデルと同様に，y がある説明変数 x の関数 $\mathbf{W}x$ である
モデルを考えることもできる。

$$y_i = \boldsymbol{x}_i\beta + \mathbf{w}_{i\cdot}\mathbf{X}\theta + \epsilon_i \tag{6.1}$$

　このモデルの目的変数 y_i は，他の目的変数ではなく隣接する観

測値の説明変数によって影響を受ける。この例では，近隣国の所得
が高いほど，近隣国の民主主義のレベルに影響を及ぼすと考えられ
るが，それは近隣国の一人当たり GDP においてすでに明らかにな
っている効果とは別のものである。この例は少々矛盾しているが，
たとえば，裕福な近隣国がより活発で自由なメディアを促進し，そ
の結果，近隣の発展途上国が独立したメディアに触れやすくなった
と考えることもできる。このようなモデルでは，空間隣接 x 項だ
けが存在し，隣国間の y の影響を表す項がないため，同時性の問
題は発生しないことに注意する。

　より一般的には，省略された変数やモデルの誤特定に起因する
y と $\mathbf{W}x$ の間の関係を考慮することも有用であろう。McMillen
(2003, p.195) は，研究者が空間隣接 y 項の見かけ上の影響を見つ
けても，それは真の空間的自己相関ではなく，むしろモデルの誤特
定によるものであると主張している。

　いわゆる空間 Durbin モデルでは，x と y の両方の空間隣接項を
含み，研究者は空間隣接 x 項を含めることで，空間隣接 y 項が 0
でないという明白な証拠が除去されるかどうかを確認することがで
きる。

$$y_i = \boldsymbol{x}_i\boldsymbol{\beta} + \mathbf{w}_i.\mathbf{X}\boldsymbol{\theta} + \rho\mathbf{w}_i.\boldsymbol{y} + \epsilon_i \tag{6.2}$$

再び GDP と民主主義の例に戻り，空間隣接 x 項をもつ OLS モ
デルと，空間隣接項 x と y の両方をもつ空間 Durbin モデルについ
て，最尤推定法を用いて推定した結果を表 6.1 に示す。この結果か
ら明らかなように，隣接国の一人当たり GDP の対数値と民主主義
指標との間には明確な関係は見られず，また，民主主義指標の空
間隣接項の正の係数が，一人当たり GDP（対数）の空間隣接項を
含めることによって影響を受けるという根拠もない。しかし，空間
Durbin モデルは，空間隣接 y モデルに代わる有用な手法であり，

表 6.1 空間隣接 x 項 (SLX) モデルの最小二乗 (OLS) 推定値 vs. 空間隣接 y 項 (Durbin) モデル

	政治指標値 $[-10 \sim 10]$	
	OLS/SLX	空間隣接 Durbin
切片	-8.00	-3.20
	(3.74)	(3.00)
一人当たり GDP（対数）	1.06	1.18
	(0.52)	(0.44)
空間隣接一人当たり GDP（対数）	0.31	-0.54
	(0.66)	(0.56)
空間隣接 y 項	N.A.	0.57
	N.A.	(0.08)
観測値	180	180
対数尤度	-582.64	-560.27

注) N.A. は該当なしを表す

このモデルの適合性が大幅に向上していることは，誤特定という問題の可能性を示唆している。

これは逆に，**W** をどのように構築するかという問題を提起し，これもまた，誤特定の原因となりうる。標準的なアプローチは，単一の重み行列という大雑把な設定に対して結果を鍛え上げるために，様々な異なる行列を構築することであった。別のアプローチは，ネットワークを用いることで，地理的なものだけではなく，実際に観測された連結に基づいて重み行列を生成することである (Minhas et al., 2017)。SLX モデルは解決策ではないが，空間モデルにおける識別問題では，単に地理に頼るのではなく，研究されている観測値間の実際のつながりを特定するより良い方法を見つける必要があると批判されている。

6.2.2 接続性の取り扱い

もう一つの問題は，一度指定された接続性が分析自体でどのように扱われるべきかということである。すべての接続性に等しく重みを与えるべきか，あるいは，いくつかの観測値を，たとえば，重みとして大きさや重要性などの何らかの尺度を加えるべきだろうか。本書で検討した例では，ロシアとエストニアは等しい重みで接続されていると仮定したが，すべての接続性を等しく重み付けしなければならない理由はない。研究者は，特定の研究課題の文脈で意味があるのであれば，代替的な重み付けによって実験したいと思うかもしれない。

本書では，行方向に基準化された行列 $\mathbf{W}$，すなわちすべての接続性の重みの合計が 1 になるように基準化された回帰モデルのみを検討してきた。この特定の基準化は，空間隣接和 y_i^s が y 自体と同じ潜在的な測定値または単位をもつという利点がある。しかし，基準化が特定の応用で意味をなすかどうかは，その問題の特性に依存する。たとえば，Murdoch et al. (1997) は，ある国の汚染物質の排出量が他の国から流れ込む堆積物によってどのように影響を受けるかに興味をもっている。関連する問題は，排出された汚染物質の総量に関するものであり，接続国の数で接続行列を基準化することは，おそらく適切ではない。

分析者は，空間統計学の文献で慣習的に用いられる手法を提案手法として扱い，それが特定の研究環境において賢明なものであるかどうかを慎重に検討する必要がある。一般的には，いくつかのもっともらしい選択肢を検討することが有用である。

6.2.3 一対多の接続性

これまで，本書では 1 つの空間依存項を 1 つの接続行列で表現する場合を検討してきた。多くの場合，いくつかのネットワーク

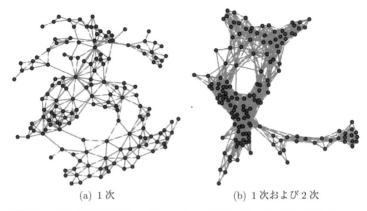

(a) 1 次　　　　　　　(b) 1 次および 2 次

図 6.3　180 カ国の 200 km の最近接距離に基づく 1 次および 2 次の空間
隣接性　　　　　　　　　　　　　　　　　出典：原著者により作成

や依存関係が存在する可能性がある。多くの場合，地理的距離や他
の政治的ネットワーク，たとえば貿易交流，文化的類似性，個人の
民族性や職業などに基づく接続性の代替的な定義を含めることは
理にかなっている（たとえば，Beck et al., 2006; Lacombe, 2004;
Lin et al., 2006）。直接的な影響は，1 次の接続だけでなく，高次
の接続からも生じる可能性がある。図 6.3 は，これまでにも使用し
た 180 カ国からなる例の 1 次と 2 次の空間隣接性を示している。

　空間隣接 y モデルを一般化して，2 つ（またはそれ以上）の異な
る接続行列 $\mathbf{W}^A$ と $\mathbf{W}^B$ を含むようにすれば，それぞれの相対的な
影響について別々のパラメータ ρ_1 と ρ_2 を推定することができる。

$$y_i = \boldsymbol{x}_i\boldsymbol{\beta} + \rho_1\mathbf{w}_{i\cdot}^A\boldsymbol{y} + \rho_2\mathbf{w}_{i\cdot}^B\boldsymbol{y} + \epsilon_i$$

　拡張された空間隣接 y モデルは，標準的な空間的自己回帰モデ
ルよりも複雑である。2 つの行列が十分に異なっていて，完全に重
なり合う情報を含まないモデルであれば推定できる。行列があまり
にも類似している場合には，古典的な回帰モデルにおける多重共線

性のような問題が発生する。先に説明した最尤推定法は，このモデルに一般化することができる（これは本書執筆時点でまだ R で実装されていない）。このモデルは，操作変数によっても推定できる。

6.3　推論とモデル評価

社会科学の多くのデータに見られるように，空間データはランダムサンプルから得られるものではない。多くの部分が欠落しているデータを分析すると，空間的なクラスタリングや，隣接する対象による影響に関して合理的でない推論を導く可能性がある。このため，空間分析の対象範囲は，比較的完全な空間に限定する必要がある。古典的な推論の大部分は，空間的な文脈では正当化するのが難しい漸近的な仮定に基づいている。これらの仮定では，本質的には，隣接する対象の数は調査される領域の大きさの関数として頭打ちになる。そうであっても，一般的にデータはサンプルのようなものではなく，関心のある領域に横断的なものであることが多い。その結果，調査対象のプロセスに対してもっともらしいと思われるモデルや，原理的には観察されたデータを生成することができるモデルを，経験的に探索することになる。古典的なアプローチは，観測された空間パターンが一つの現実である，いわゆる**超母集団** (superpopulation) に一般化するという概念に基づいているかもしれない。しかし，この概念は，Beck et al. (1995) が見かけの母集団 (apparent population) と呼ぶものを対象とする空間分析の研究とはあまり相性が良くない（Leamer (1978) を参照）。

この難問に対する一つの可能な解決策は，推定をよりヒューリスティックに扱い，Geisser (1974, 1975) の伝統に従って，空間回帰推定で使用されなかったデータで推定モデルの性能を検証するために結果のクロスバリデーションを使用することである。空間的な文

脈では，これは後に続く期間または異なる空間領域からの観測デー
タを使用することによって達成される。たとえば，Bivand (2002)
は，データを 2 つの地理的領域に分割し，データの半分を使って
残りの半分の観測値を予測する能力という観点から，異なるモデル
の性能を評価している。

6.3.1　離散変数と潜在変数

　本書では，y を連続変数として扱うことができると仮定してき
た。しかし，社会科学者が関心をもつ多くの現象は離散的な事象で
あり，それらは 2 値形式や計数値でも観測されている。あるいは，
これらは部分的に観測されていない潜在的な変数であるかもしれな
い。線形回帰がこれらのデータには最適ではないのと同様に，本書
で検討してきたモデルも一般的には，そのようなデータに適してい
ない。しかし，隣接する目的変数または自己回帰過程の考え方を，
たとえば，近くの対象の y の値が $P(y_i = 1)$ に影響を与える自己
ロジスティックモデルを含む 2 値または整数値データに一般化す
ることは可能である (Besag, 1972, 1974; Huffer & Wu, 1998; Ward
& Gleditsch, 2002)。これらのモデルの推定は，y が方程式の両辺
に現れることから尤度の計算が難しくなるために，連続変数の場合
よりも難しい。従来のアプローチでは，推定の目的のために，接続
された観測値 y を固定値として扱ってきたが，今日の計算能力は，
シミュレーションを通して完全な尤度 (full likelihood) を近似的に
計算できるようになっている (Geyer & Thompson, 1992)。

6.3.2　空間的な不均一性

　通常，回帰で調査される主な効果は**固定効果**であり，どこでも，
目的変数と説明変数の間には関係がある。しかし，もしこの関係
が世界のある部分と別の部分では異なる場合，効果が地理的に条

件付きであるような，空間的に不均一な形をとることになる。**空間的不均一性**は，関心のある現象について何かを学ぶ機会であると同時に，呪いでもある。一方では，回帰による結果を分解する方法を提供し，異質な地域の特徴がより明らかになるようにモデル化する。他方では，分析領域の全体にわたって一定の分散をもつという標準的な回帰の仮定に大混乱をもたらす。地理的加重回帰 (geographically weighted regression) は，地理的な場所ごとに，その場所の近くにある他の観測値の重み付けに基づいて，回帰係数を推定する，探索的データ分析のためのウィンドウ処理技術である。空間分析へのこのアプローチは，Fotheringham et al. (2002) で開発され，完全に詳述されており，例としては Calvo & Escolar (2003) や Harbers & Ingram (2017) がある[3]。

6.3.3 点データと地理空間データ

これまでのアプローチでは，地理は区分されたものとして扱ってきた。たとえば，国は格子として扱われ，それぞれの国は格子上のどこかに位置しているが，どの国も 1 つ以上の格子位置を占めていないことを意味している。このアプローチは様々な種類のデータに対して有用であるが，必ずしもすべての現象がこのような方法では編成されていないことが多い。実際，多くのタイプのデータは，各観測の正確な，または近似的な位置が想像上の格子ではなく連続的な空間上で観測されるように，地理参照された方法で点データとして構成されている。地理空間手法は，空間的な共変動をモデル化して，その地理内の特定の位置に存在する情報に基づいて，連続的な地理のための地理空間的な面を構築しようとするものである。これを行うアプローチの一つは，Matheron (1963) によって開発さ

---

[3] R パッケージの spgwr と GWmodel は，これらのアプローチに関する有益な情報を提供している。

れたもので，金の純度を距離加重平均によってプロットするとい
う，南アフリカの鉱山技師 Danie G. Krige にちなんで命名された
クリギング (kriging) として知られている[4]。このアプローチは地
球物理学の分野で広く採用されており，最近では社会科学の分野で
も応用されている (Cho & Gimpel, 2007)。従来，データは大規模
な集合体単位でしか利用できなかったが，地理的に異なるデータや
明示的に地理参照されたデータが利用できるようになってきてい
る。

6.3.4　階層モデル

Besag (1974) に始まり，条件付き自己回帰 (conditionally auto-
regressive: CAR) モデルについてもかなりの研究が行われてきた。
条件付きモデルでは，ある場所で観測された確率変数は，隣接する
観測点での観測値を条件としており，これは外生変数として扱わ
れる。多変量階層モデルでは，空間隣接性が外生変数として扱われ
るだけでなく，他の説明変数も同様に扱われる。このアプローチを
利用するための研究が現在かなり行われており，いくつかの応答
変数や目的変数に焦点を当てていることもある（たとえば，Jin et
al.(2007)）。

空間変動をモデリングするための関連するアプローチは，階層的
な方法で局所的な変動の原因を調べることである。階層的空間モデ
ルは，異なるレベルの分析から得られる不確実性の異なる原因を組
み込むことに基づいている。これらのモデルは，確率分布を使用す
ることで，いくつかのレベルの分析を結びつけることになる。5.4
節の例でいえば，これらのレベルには以下のようなものが含まれ
る。

---

[4]由来の名前の原地における発音にちなんで，kriging は「クリッキング」と
　発音されることもある。

(1) 政治と経済活動の日々の変動を決定するのに役立つ，派閥や制度の特徴に関する局所的な国内変動

(2) 特定の国に強いつながりと影響を与える，ごく近隣の国による隣接効果

(3) 地域に沿って構成された組織を含む，広範囲の国に作用する変動の地域的な要因

(4) 世界市場の特定の商品に見られるように，ある程度はすべての国に影響を与える世界規模での効果

これらの変動要因のそれぞれを明示的に説明するモデルは，階層モデルとなる。

　この視点からの最近の研究は，空間的プロセスのすべてのレベルで母数推定値の分布を得る戦略のための反復的なアプローチ（マルコフ連鎖モンテカルロ，ギブスサンプリング，メトロポリス・ヘイスティングスなど）の使用に依存するベイズアプローチに基づいている。このようなモデルは，非常に複雑な計算を必要とするが，非常に有望なモデルである。R パッケージ spBayes は，1 変量および多変量空間モデルのためのマルコフ連鎖モンテカルロ計算を容易にするのにも役立つ (Finley et al., 2015)。

　Waller et al. (1997) は影響力のあるアプリケーションであり，Banerjee et al. (2014) は階層的アプローチの良いレビューを提供している[5]。

6.3.5　時系列データ

本書では，同じ時点に観測された横断的なモデルの推定につい

---

[5]最近の論文では，大量のデータを用いた空間モデルとケーススタディ（および定性的な）アプローチとの興味深い統合が示されている (Harbers & Ingram, 2017)。

て議論してきた。社会科学の分析の多くは，時系列および横断的
(time-series-cross-section: TSCS) データ構造に基づいており，
同じ部分が複数の異なる期間で観測される。空間隣接 y モデルは，
TSCS データに対して次のように一般化することができる。

$$y_{i,t} = \boldsymbol{x}_{i,t}\boldsymbol{\beta} + \rho\mathbf{w}_{i\cdot}\boldsymbol{y}_t + \epsilon_{i,t}$$

　このモデルは，$y_{i,t}$ が $y_{i,t-1}$ に非常に類似している可能性が高い
ので，時間経過に伴う系列相関の問題に苦しむ可能性が高い。これ
に対処する一つの方法は，モデルに y の時間的な遅れを追加する
ことで，次のような結果を得る。

$$y_{i,t} = \phi y_{i,t-1} + \boldsymbol{x}_{i,t}\boldsymbol{\beta} + \rho\mathbf{w}_{i\cdot}\boldsymbol{y}_t + \epsilon_{i,t}$$

　時間依存性と空間依存性を同時に考慮する必要がある場合，空
間依存性を同時に考慮した TSCS モデルを推定することは困難で
ある。また，右辺に時間的な遅れをもつ目的変数を追加すると，誤
差 ϵ から y へ変換するヤコビアンの計算がかなり複雑になり，我々
の知る限りでは，このモデルに対する満足のいく推定値は得られ
ていない。しかし，隣接する y に対する $y_{i,t}$ の影響が 1 時期ラグ
（つまり $y_{i,t-1}$）の場合には，相対的に隣接する y の値を時刻 t で
あらかじめ決められた値として扱うことができるため，OLS を使
用することができる。

$$y_{i,t} = \phi y_{i,t-1} + \boldsymbol{x}_{i,t}\boldsymbol{\beta} + \rho\mathbf{w}_{i\cdot}\boldsymbol{y}_{t-1} + \varepsilon_{i,t}$$

　空間的な効果が遅延して与えられると仮定することは，即時効果
を仮定するのと同じくらい信憑性があることが多い。さらに，モデ
ルから推定された残差を用いて適切な検定を実施し，特にクロスバ
リデーションとサンプル外予測検定の発見的方法を採用することに
よって，モデルが空間的依存性と時間的依存性の両方を考慮してど

の程度成功しているかを検証することが可能である（さらなる議論については，Beck et al., 2006 を参照）。

　多くのデータセットは，空間 (n) と時間 (T) の両方とともに変化するデータをもっている。これは，空間分析に携わる人にとって様々な課題を生み出す。多くの場合，最初の問題は，データパネルのバランスが取れていないことである。したがって，ケース・インデックスと時間インデックス，またはその両方で標本サイズが異なっている。これはデータの欠落であることもあるが，多くの場合，ある観測がすべての時点には存在しない可能性があるという構造的な問題であることが多い。これは，異なるデータ標本が異なる時間に得られていることに関連している（その逆もある）。非正則行列では行列計算がうまくいかないために，多大な負荷がかかる計算困難性の問題もある。もう一つの問題は，空間的な文脈自体が一定ではなく，滑らかに，あるいは不連続的に変化している可能性があるということである。このことは，相互依存モデルの空間成分と時間成分を同時に推定するという目標が，良くても複雑で，最悪の場合は不可能であることを示唆している。

　しかし，最近では多くの研究が行われている (Baltagi, 2008; Elhorst, 2003, 2008, 2010, 2014)。この他，いくつかの手法は R で実装されている (Millo & Piras, 2012)。

　この問題については，さまざまな考え方がある。一つは，パネルモデルと TSCS モデルは，それらを区別する統計的特性のために根本的に異なるということである。しかし，時空間データは総称である。**TSCS** という用語は時系列‐横断的なものを指し，一般的には多数の期間が存在する状況を対象としている。一方，パネルデータは TSCS データであるが，一般的にはケース数に比べて期間が少ない（つまり $n > T$）。

米国 48 州の公共資本生産性に関する有名な Munnell (1990) の

データセットを使用した SEM と同様に，空間隣接性のための空間的な文脈で固定効果，ランダム効果，混合効果のモデルを実装するためのコードがサポートサイトに用意されている。Cobb-Douglas 生産関数は，ある州の社会総生産を公共資本と民間資本の投入と関連付けるもので，景気循環効果を捉えることを目的とした就労率や失業率と同様に検討されている。

6.4　まとめ

　空間依存性は多くの社会現象において大きな役割を果たしている。我々の分析において空間的側面を考慮に入れることは可能であるが，いくつかの追加の仮定と情報が必要である。統計学と計算機の発展により，社会データの空間分析を過小評価する障壁が減少したため，社会科学者が関心をもつ社会的・空間的プロセスについての新たな洞察を期待したい。私たち自身の経験から，社会科学のデータは多くの未知の依存関係によって特徴づけられていると確信できる。これらのいくつかを考慮に入れることで，一般的で重要な新しい洞察が得られるだろう。

参考文献

Anselin, Luc. 1988. *Spatial Econometrics: Methods and Models.* Dordrecht, The Netherlands: Kluwer.

Anselin, Luc. 1995. Local Indicators of Spatial Association-LISA. *Geographical Analysis*, **27**(2), 93-115.

Anselin, Luc. 1996. The Moran Scatterplot as an ESDA Tool to Assess Local Instability in Spatial Association. Chap. 8, pages 121-137 of: Fischer, Manfred, J. Scholten, Henk, and Unwin, David (eds), *Spatial Analytical Perspectives on GIS*. London, England: Taylor & Francis.

Anselin, Luc, and Cho, Wendy K. Tam. 2002a. Conceptualizing Space: Reply. *Political Analysis*, **10**(3), 301-303.

Anselin, Luc, and Cho, Wendy K. Tam. 2002b. Spatial Effects and Ecological Inference. *Political Analysis*, **10**(3), 276-297.

Ashraf, Quamrul, and Galor, Oded. 2013. The "Out of Africa" Hypothesis, Human Genetic Diversity, and Comparative Economic Development. *American Economic Review*, **103**(1), 1-46.

Auerbach, David M., Darrow, William W., Jaffe, Harold W., and Curran, James W. 1984. Cluster of Cases of the Acquired Immune Deficiency Syndrome: Patients Linked by Sexual Contact. *American Journal of Medicine*, **76**, 487-492.

Bakar, Khandoker, and Sahu, Sujit. 2015. SpTimer: Spatio-Temporal Bayesian Modeling Using *R*. *Journal of Statistical Software*, **63**

(15), 1–32.

Baltagi, Badi. 2008. *Econometric Analysis of Panel Data*. New York, NY: John Wiley.

Banerjee, Sudipto, Carlin, Bradley P., and Gelfand, Alan E. 2014. *Hierarchical Modeling and Analysis for Spatial Data*. 2 edn. Boca Raton, FL: Chapman & Hall.

Barnett, Thomas P. M. 2004. *The Pentagon's New Map: War and Peace in the Twenty-First Century*. New York, NY: Putnam.

Baybeck, Brady, and Huckfeldt, Robert. 2002. Urban Contexts, Spatially Dispersed Networks, and the Diffusion of Political Information. *Political Geography*, **21**(2), 195–220.

Beck, Nathaniel, Gleditsch, Kristian Skrede, and Beardsley, Kyle. 2006. Space Is More than Geography: Using Spatial Econometrics in the Study of Political Economy. *International Studies Quarterly*, **50**(1), 27–44.

Beck, Nathaniel, and Katz, Jonathan N. 2011. Modeling Dynamics in Time-Series CrossSection Political Economy Data. *Annual Review of Political Science*, **14**(1), 331–352.

Berk, Richard A., Western, Bruce, and Weiss, Robert E. 1995. Statistical Inference for Apparent Populations (with Discussion). *Sociological Methodology*, **25**, 421–485.

Besag, Julian E. 1972. Nearest-Neighbour Systems and the Auto-Logistic Model for Binary Data. *Journal of the Royal Statistical Society, Series B, Methodological*, **34**(1), 75–83.

Besag, Julian E. 1974. Spatial Interaction and the Statistical Analysis of Lattice Systems (with Discussion). *Journal of the Royal Statistical Society, Series B, Methodological*, **36**(2), 192–225.

Bivand, Roger. 2002. Spatial Econometrics Functions in: Classes and Methods. *Journal of Geographical Systems*, **4**(4), 405–421.

Bivand, Roger, Gómez-Rubio, Virgilio, and Rue, Håvard. 2015. Spatial Data Analysis with R-INLA with Some Extensions. *Journal of Statistical Software*, **63**(20), 1-31.

Bivand, Roger, Pebesma, Edzer, and Gómez-Rubio, Virgilio. 2013. *Applied Spatial Data Analysis with R*. 2 edn. New York, NY: Springer.

Bivand, Roger, and Piras, Gianfranco. 2015. Comparing Implementations of Estimation Methods for Spatial Econometrics. *Journal of Statistical Software*, **63**(18), 1-36.

Braun, Robert. 2016. Religious Minorities and Resistance to Genocide: The Collective Rescue of Jews in the Netherlands during the Holocaust. *American Political Science Review*, **110**(1), 127-147.

Brown, Patrick. 2015. Model-Based Geostatistics the Easy Way. *Journal of Statistical Software*, **63**(12), 1-24.

Burkhart, Ross, and Lewis-Beck, Michael. 1994. Comparative Democracy: The Economic Development Thesis. *American Political Science Review*, **88**(4), 903-910.

Calvo, Ernesto, and Escolar, Marcelo. 2003. The Local Voter: Exploring a Geographically Weighted Approach to Cross-Level Inference. *American Journal of Political Science*, **47**(1), 189-204.

Cederman, Lars-Erik, Weidmann, Nils B., and Gleditsch, Kristian Skrede. 2011. Horizontal Inequalities and Ethnonationalist Civil War: A Global Comparison. *American Political Science Review*, **105**(3), 478-495.

Cho, Wendy K. Tam, and Gimpel, James G. 2007. Prospecting for (Campaign) Gold.*American Journal of Political Science*, **51**(2), 255-268.

Clarke, Kevin A. 2001. Testing Nonnested Models of International Relations: Reevaluating Realism. *American Journal of Political Science*, **45**(3), 724-744.

Cleveland, William S. 1993. *Visualizing Data*. Summit, NJ: Hobart Press.

Cohn, Samuel, and Fossett, Mark. 1996. What Spatial Mismatch?

The Proximity of Blacks to Employment in Boston and Houston. *Social Forces*, **75**(2), 557–572.

Collier, Paul, and Hoeffler, Anke. 2004. Greed and Grievance in Civil War. *Oxford Economic Papers*, **56**, 563–595.

Cressie, Noel A. C. 1993. *Statistics for Spatial Data*. Rev. edn. Hoboken, NJ: WileyInterscience.

Deutsch, Karl W., and Isard, Walter. 1961. A Note on a Generalized Concept of Effective Distance. *Behavioral Science*, **6**(4), 308–311.

Elhorst, J. Paul. 2003. Specification and Estimation of Spatial Panel Data Models. *International Regional Science Review*, **26**(3), 244–268.

Elhorst, J. Paul. 2008. Serial and Spatial Error Correlation. *Economics Letters*, **100**(3), 422–424.

Elhorst, J. Paul. 2010. Dynamic Panels with Endogenous Interactions Effects When T Is Small. *Regional Science and Urban Economics*, **40**(5), 272–282.

Elhorst, J. Paul. 2014. *Spatial Econometrics: From Cross-Sectional Data to Spatial Panels*. Berlin, Germany: Springer.

Entwisle, Barbara. 2007. Putting People into Place. *Demography*, **44**(4), 687–703.

Entwisle, Barbara, Rindfuss, Ronald, Guilkey, David K., Chamratrithirong, Aphichat, Curran, Sara R., and Sawangdee, Yothin. 1996. Community and Contraceptive Choice in Rural Thailand: A Case Study of Nang Rong. *Demography*, **33**, 1–11.

Fearon, James D., and Laitin, David D. 2003. Ethnicity, Insurgency, and Civil War. *American Political Science Review*, **97**(1), 75–90.

Feenstra, Robert C., Rose, Andrew K., and Markusen, James R. 2001. Using the Gravity Model to Differentiate among Alternative Theories of Trade. *Canadian Journal of Economics*, **34**(2), 430–447.

Finley, Andrew, Banerjee, Sudipto, and Gelfand, Alan. 2015. SpBayes for Large Univariate and Multivariate Point-Referenced Spatio-

Temporal Data Models. *Journal of Statistical Software*, **63**(13), 1–28.

Florax, Raymond, and Folmer, Henk. 1992. Knowledge Impacts of Universities on Industry: An Aggregate Simultaneous Investment Model. *Journal of Regional Science*, **32**(4), 437–466.

Fotheringham, A. Stewart, Brundson, Chris, and Charlton, Martin. 2002. *Geographically Weighted Regression: The Analysis of Spatially Varying Relationships*. New York, NY: Wiley.

Franzese, Robert J., and Hays, Jude C. 2007. Empirical Models of Spatial Interdependence. Chap. 25, pages 570–604 of: Box–Steffensmeier, Janet M., Brady, Henry E., and Collier, David (eds), *Oxford Handbook of Political Methodology*. Oxford, England: Oxford University Press.

Gaudart, Jean, Graffeo, Nathalie, Coulibaly, Drissa, Barbet, Guillaume, Rebaudet, Stanilas, Dessay, Nadine, Doumbo, Ogobara, and Giorgi, Roch. 2015. Spodt: An Package to Perform Spatial Partitioning. *Journal of Statistical Software*, **63**(16), 1–23.

Geisser, Seymour. 1974. A Predictive Approach to the Random Effect Model. *Biometrika*, **61**(1), 101–107.

Geisser, Seymour. 1975. The Predictive Sample Reuse Method with Applications. *Journal of the American Statistical Association*, **70**(350), 320–328.

Getis, Arthur, and Ord, J. Keith. 1996. Local Spatial Statistics: An Overview. Pages 261–277 of: Longley, P., and Batty, M. (eds), *Spatial analysis: Modelling in a GIS environment*. Cambridge, England: Geoinformation International.

Geyer, Charles J., and Thompson, Elizabeth A. 1992. Constrained MonteCarlo Maximum Likelihood for Dependent Data (with Discussion). *Journal of the Royal Statistical Society, Series B, Methodological*, **54**, 657–699.

Gleditsch, Kristan Skrede. 2002a. Expanded Trade and GDP Data.

Journal of Conflict Resolution, **46**(5), 712–724.

Gleditsch, Kristian Skrede. 2002b. *All International Politics Is Local: The Diffusion of Conflict, Integration, and Democratization.* Ann Arbor: University of Michigan Press.

Gleditsch, Kristian Skrede, and Ward, Michael D. 1997. Double Take: A Re-Examination of Democracy and Autocracy in Modern Polities. *Journal of Conflict Resolution*, **41**(3), 361–382.

Gleditsch, Kristian Skrede, and Ward, Michael D. 2000. War and Peace in Space and Time: The Role of Democratization. *International Studies Quarterly*, **44**(1), 1–29.

Gleditsch, Kristian S., and Ward, Michael D. 2001. Measuring Space: A Minimum Distance Database and Applications to International Studies. *Journal of Peace Research*, **38**(6), 749–768.

Gleditsch, Kristian Skrede, and Ward, Michael D. 2006. Diffusion and the International Context of Democratization. *International Organization*, **60**(4), 911–933.

Gollini, Isabella, Lu, Binbin, Charlton, Martin, Brunsdon, Christopher, and Harris, Paul. 2015. GWmodel: An Package for Exploring Spatial Heterogeneity Using Geographically Weighted Models. *Journal of Statistical Software*, **63**(17), 1–50.

Graves, Spencer. 2016. *Ecfun: Functions for Ecdat.* P package version 0.1–7.

Grenander, Ulf. 1954. On the Estimation of Regression Coefficients in the Case of Autocorrelated Disturbance. *Annals of Mathematical Statistics*, **25**(2), 252–272.

Griffith, Daniel A. 2003. Using Estimated Missing Spatial Data with the 2-Median Model. *Annals of Operations Research*, **122**(1-4), 233–247.

Griffith, David A. 1996. Some Guidelines for Specifying the Geographic Weights Matrix Contained in Spatial Statistical Models. Pages 65–83 of: Arlinghaus, Sandra (ed), *Practical Handbook of Spatial*

Statistics. Boca Raton, FL: CRC Press.

Harbers, Imke, and Ingram, Matthew C. 2017. Geo-Nested Analysis: Mixed-Methods Research with Spatially Dependent Data. *Political Analysis*, **25**(3), 289–307.

Hengl, Tomislav, Roudier, Pierre, Beaudette, Dylan, and Pebesma, Edzer. 2015. PlotKML: Scientific Visualization of Spatio-Temporal Data. *Journal of Statistical Software*, **63**(5), 1–25.

Hoff, Peter D. 2007. Extending the Rank Likelihood for Semiparametric Copula Estimation. *Annals of Applied Statistics*, **1**(1), 265–283.

Hollenbach, Florian M., Metternich, Nils W., Minhas, Shahryar, and Ward, Michael D. 2014. *Fast & Easy Imputation of Missing Social Science Data*. Retrieved from https://arxiv.org/pdf/1411.0647.pdf.

Hubert, Lawrence J., Golledge, Reg G., and Constanzo, Carmen M. 1981. Generalized Procedures for Evaluating Spatial Autocorrelation. *Geographical Analysis*, **12**(3), 224–233.

Huffer, Fred W., and Wu, Hulin. 1998. Markov Chain Monte Carlo for Autologistic Regression Models with Application to the Distribution of Plant Species. *Biometrics*, **54**(2), 509–524.

Imai, Kosuke. 2005. Do Get-Out-the-Vote Calls Reduce Turnout? The Importance of Statistical Methods for Field Experiments. *American Political Science Review*, **99**(2), 283–300.

Jaggers, Keith, and Gurr, Ted R. 1995. Tracking Democracy's "Third Wave" with the Polity III Data. *Journal of Peace Research*, **32**, 469–482.

Jin, Xiaoping, Banerjee, Sudipto, and Carlin, Bradley P. 2007. Order-Free Coregionalized Areal Data Models with Application to Multiple Disease Mapping. *Journal of the Royal Statistical Society, Series B*, **69**(5), 817–838.

Jing, Liang, and De Oliveira, Victor. 2015. GeoCount: An Package for the Analysis of Geostatistical Count Data. *Journal of Statistical*

Software, **63**(11), 1–33.

Johnson, Steven. 2006. *The Ghost Map: The Story of London's Most Terrifying Epidemic, and How It Changed Science, Cities, and the Modern World*. New York, NY: Riverhead Books.

Jones, Daniel M., Bremer, Stuart A., and Singer, J. David. 1996. Militarized Interstate Dispute, 1816–1992: Rationale, Coding Rules, and Empirical Patterns. *Conflict Management and Peace Science*, **15**(2), 163–215.

Keele, Luke, and Kelly, Nathan J. 2006. Dynamic Models for Dynamic Theories: The Ins and Outs of Lagged Dependent Variables. *Political Analysis*, **14**(2), 186–205.

Kenny, David A. 1981. Interpersonal Perception: A Multivariate Round Robin Analysis. Pages 288–309 of: Brewer, Marilynn B., and Collins, Barry E. (eds), *Scientific Inquiry and the Social Sciences: A Volume in Honor of Donald T. Campbell*. San Francisco, CA: Jossey–Bass.

King, Gary. 2002. Isolating Spatial Autocorrelation, Aggregation Bias, and Distributional Violations in Ecological Inference. *Political Analysis*, **10**(3), 298–300.

King, Gary, Honaker, James, Joseph, Anne, and Scheve, Kenneth. 2001. Analyzing Incomplete Political Science Data: An Alternative Algorithm for Multiple Imputation. *American Political Science Review*, **95**(1), 49–69.

Kohfeld, Carol W., and Sprague, John. 2002. Race, Space, and Turnout. *Political Geography*, **21**(2), 175–193.

Lacombe, Donald. 2004. Does Econometric Methodology Matter? An Analysis of Public Policy Using Spatial Econometric Techniques. *Geographical Analysis*, **36**, 105–118.

Leamer, Edward E. 1978. *Specification Searches: Ad Hoc Inference with Non-experimental Data*. New York, NY: Wiley.

Lebovic, James H., and Saunders, Elizabeth N. 2016. The Diplomatic Core: The Determinants of High-Level US Diplomatic Visits, 1946–2010. *International Studies Quarterly*, **60**(1), 107–123.

Lee, Chang Kil, and Strang, David. 2006. International Diffusion of Public-Sector Downsizing: Network Emulation and Theory-Driven Learning. *International Organization*, **60**(4), 883–909.

Lee, Cheol-Sung. 2005. Income Inequality, Democracy, and Public Sector Size. *American Sociological Review*, **70**(1), 158–181.

Leontief, Wassily W. 1986. *Input–Output Economics*. New York, NY: Oxford University Press.

Lin, Tse-Min, Wu, Chin-En, and Lee, Feng-yu. 2006. Neighborhood Influence on the Formation of National Identity in Taiwan: Spatial Regression with Disjoint Neighborhoods. *Political Research Quarterly*, **59**(1), 35–46.

Lindgren, Finn, and Rue, Håvard. 2015. Bayesian Spatial Modelling with R-INLA. *Journal of Statistical Software*, **63**(19), 1–25.

Lipset, Seymour Martin. 1959. Some Social Requisites of Democracy: Economic Development and Political Legitimacy. *American Political Science Review*, **53**(1), 69–105.

Loecher, Markus, and Ropkins, Karl. 2015. RgoogleMaps and Loa: Unleashing Graphics Power on Map Tiles. *Journal of Statistical Software*, **63**(4), 1–18.

Lofdahl, Corey Lowell. 2002. Environmental Impacts of Globalization and Trade: A Systems Study. In: *Global Environmental Accord: Strategies for Sustainability, and Institutional Innovation*. Cambridge, MA: MIT Press.

Logan, John R. 2012. Making a Place for Space: Spatial Thinking in Social Science. *Annual Reviews of Sociology*, **38**(1), 507–524.

Logan, John R., Zhang, Wequan, and Xu, H. 2010. Applying Spatial Thinking in Social Science Research. *GeoJournal*, **75**(1), 15–27.

Lumley, Thomas, Diehr, Paula, Emerson, Scott, and Chen, Lu. 2002. The Importance of the Normality Assumption in Large Public

Health Data Sets. *Annual Review of Public Health*, **23**(1), 151–169.

Malloy, Thomas E., and Kenny, David A. 1986. The Social Relations Model: An Integrative Method for Personality Research. *Journal of Personality*, **54**(1), 199–225.

Matheron, Georges. 1963. Principles of Geostatistics. *Economic Geology*, **58**, 1246–1266.

McMillen, Daniel P. 2003. Spatial Autocorrelation or Model Misspecification. *International Regional Science Review*, **26**(2), 208–217.

Michalopoulos, Stelios. 2012. The Origins of Ethnolinguistic Diversity. *American Economic Review*, **102**(4), 1508–1539.

Michalopoulos, Stelios, and Papaioannou, Elias. 2013. Pre-Colonial Ethnic Institutions and Contemporary African Development. *Econometrica*, **81**(1), 113–152.

Millo, Giovanni, and Piras, Gianfranco. 2012. Splm: Spatial Panel Data Models in. *Journal of Statistical Software*, **47**(1), 1–38.

Minhas, Shahryar, Hoff, Peter D., and Ward, Michael D. 2017. *Influence Networks in International Relations*. https://arxiv.org/abs/1706.09072.

Moran, Patrick A. P. 1950a. Notes on Continuous Stochastic Phenomena. *Biometrika*, **37**(1-2), 17–23.

Moran, Patrick A. P. 1950b. A Test for Serial Independence of Residuals. *Biometrika*, **37**(1-2), 178–181.

Moreno, Jakob L. 1934. *Who Shall Survive?* Washington, DC: Nervous and Mental Disease Publishing Company.

Morgan, Stephen L., and Winship, Christopher. 2014. *Counterfactuals and Causal Inference*. Cambridge, England: Cambridge University Press.

Morrow, James D., Siverson, Randolph M., and Tabares, Tressa E. 1998. The Political Determinants of International Trade: The Major Powers, 1907-90. *American Political Science Review*, **92**(3), 649–661.

Munnell, A. H. 1990. Why Has Productivity Growth Declined? Productivity and Public Investment. *New England Economic Review*, 3–22.

Murdoch, James C., Sandler, Todd, and Sargent, Keith. 1997. A Tale of Two Collectives: Sulfur versus Nitrogen Oxides Emission Reduction in Europe. *Economica*, **64**(254), 281–301.

Nordhaus, William D. 2006. Geography and Macroeconomics: New Data and New Findings. *Proceedings of the National Academy of Sciences of the USA*, **103**(10), 3510–3517.

O'Loughlin, John. 2002. The Electoral Geography of Weimar Germany: Exploratory Spatial Data Analyses (ESDA) of Protestant Support for the Nazi Party. *Political Analysis*, **10**(3), 217–243.

Ord, J. Keith. 1975. Estimation Methods for Models of Spatial Interactions. *Journal of the American Statistical Association*, **70**(349), 120–126.

Ord, J. Keith, and Getis, Arthur. 1995. Local Spatial Autocorrelation Statistics: Distributional Issues and an Application. *Geographical Analysis*, **27**, 286–306.

Paciorek, Christopher, Lipshitz, Benjamin, Zhuo, Wei, Prabhat, Kaufman, Cari G., and Thomas, Rollin. 2015. Parallelizing Gaussian Process Calculations in. *Journal of Statistical Software*, **63**(10), 1–23.

Padoan, Simone, and Bevilacqua, Moreno. 2015. Analysis of Random Fields Using CompRandFld. *Journal of Statistical Software*, **63**(9), 1–27.

Payton, Quinn, McManus, Michael, Weber, Marc, Olsen, Anthony, and Kincaid, Thomas. 2015. Micromap: A Package for Linked Micromaps. *Journal of Statistical Software*, **63**(2), 1–16.

Pebesma, Edzer, Bivand, Roger, and Ribeiro, Paulo. 2015. Software for Spatial Statistics.*Journal of Statistical Software*, **63**(1), 1–8.

Pélissier, Raphaël, and Goreaud, François. 2015. Ads Package for

R: A Fast Unbiased Implementation of the K-Function Family for Studying Spatial Point Patterns in Irregular-Shaped Sampling Windows. *Journal of Statistical Software*, **63**(6), 1-18.

Pickering, Steve. 2011. Determinism in the Mountains: The Ongoing Belief in the Bellicosity of "Mountain People". *Economics of Peace and Security Journal*, **6**(2), 21-25.

Pickering, Steve. 2012. Proximity, Maps and Conflict: New Measures, New Maps and New Findings. *Conflict Management and Peace Science*, **29**(4), 425-443.

Pollins, Brian M. 1989a. Conflict, Cooperation, and Commerce: The Effect of International Political Interactions on Bilateral Trade Flows. *American Journal of Political Science*, **33**(3), 737-761.

Pollins, Brian M. 1989b. Does Trade Still Follow the Flag? A Model of International Diplomacy and Commerce. *American Political Science Review*, **83**(2), 465-480.

Raleigh, Clionadh, Linke, Andrew, Hegre, Håvard, and Karlsen, Joakim. 2010. Introducing ACLED: An Armed Conflict Location and Event Dataset. *Journal of Peace Research*, **47**(5), 651-660.

Robinson, Arthur H. 1974. A New Map Projection: Its Development and Characteristics. *International Yearbook of Cartography*, **14**(1), 145-155.

Rose, Andrew K. 2004. Do We Really Know That the WTO Increases Trade? *American Economic Review*, **94**(1), 98-114.

Rubin, Donald B. 1976. Inference and Missing Data. *Biometrika*, **63**(3), 581-592.

Rubin, Donald B. 1987. *Statistical Analysis with Missing Data*. New York, NY: John Wiley.

Schabenberger, Oliver, and Gotway, Carol A. 2005. *Statistical Methods for Spatial Data Analysis*. Boca Raton, FL: Chapman & Hall.

Schlather, Martin, Malinowski, Alexander, Menck, Peter, Oesting, Marco, and Strokorb, Kirstin. 2015. Analysis, Simulation and

Prediction of Multivariate Random Fields with Package Random-Fields. *Journal of Statistical Software*, **63**(8), 1–25.

Shin, Michael E. 2001. The Politicization of Place in Italy. *Political Geography*, **20**(3), 331–352.

Shin, Michael E. 2002. Measuring Economic Globalization: Spatial Hierarchies and Market Topologies. *Environment and Planning A*, **34**, 417–428.

Shin, Michael E., and Agnew, John. 2002. The Geography of Party Replacement in Italy, 1987 1996. *Political Geography*, **21**(2), 221–242.

Shin, Michael E., and Agnew, John. 2007a. *Berlusconi's Italy: Where It Started, Where It Ended*. Philadelphia, PA: Temple University Press.

Shin, Michael E., and Agnew, John. 2007b. The Geographical Dynamics of Italian Electoral Change, 1987–2001. *Electoral Studies*, **6**(2), 287–302.

Signorino, Curtis, and Ritter, Jeff. 1999. Tau-B or Not Tau-B. *International Studies Quarterly*, **43**(1), 115–144.

Sigrist, Fabio, Künsch, Hans, and Stahel, Werner. 2015. Spate: An P Package for Spatio-Temporal Modeling with a Stochastic Advection-Diffusion Process. *Journal of Statistical Software*, **63**(14), 1–23.

Starr, Harvey. 2002. Opportunity, Willingness and Geographic Information Systems (GIS): Reconceptualizing Borders in International Relations. *Political Geography*, **21**(2), 243–261.

Stasavage, David. 2011. *States of Credit: Size, Power, and the Development of European Polities*. Princeton, NJ: Princeton University Press.

Sui, Daniel Z., and Hugill, Peter J. 2002. A GIS-Based Spatial Analysis on Neighborhood Effects and Voter Turn-Out: A Case Study in College Station, Texas. *Political Geography*, **21**(2), 159–173.

Taylor, Benjamin, Davies, Tilman, Rowlingson, Barry, and Diggle, Peter. 2015. Bayesian Inference and Data Augmentation Schemes for Spatial, Spatiotemporal and Multivariate Log-Gaussian Cox Processes in P. *Journal of Statistical Software*, **63**(7), 1-48.

Tir, Jaroslav, and Diehl, Paul F. 2002. Geographic Dimensions of Enduring Rivalries.*Political Geography*, **21**(2), 263-286.

Tobler, Waldo. 2004. Thirty-Five Years of Computer Cartograms. *Annals of the Association of American Geographers*, **94**(1), 58-73.

Tollefsen, Andreas Forø, Strand, Håvard, and Buhaug, Halvard. 2012. PRIO-GRID: A Unified Spatial Data Structure. *Journal of Peace Research*, **49**(2), 363-374.

Treisman, Daniel. 2007. What Have We Learned about the Causes of Corruption from Ten Years of Cross-National Empirical Research? *Annual Review of Political Science*, **10**, 211-244.

Tufte, Edward R. 1990. *Envisioning Information*. Cheshire, CT: Graphics Press.

Tufte, Edward R. 1992. *The Visual Display of Quantitative Information*. Cheshire, CT: Graphics Press.

Tufte, Edward R. 1997. *Visual Explanations: Images and Quantities, Evidence and Narrative*. Cheshire, CT: Graphics Press.

Umlauf, Nikolaus, Adler, Daniel, Kneib, Thomas, Lang, Stefan, and Zeileis, Achim. 2015. Structured Additive Regression Models: An Interface to BayesX. *Journal of Statistical Software*, **63**(21), 1-46.

Van Buuren, Stef. 2012. *Flexible Imputation of Missing Data*. Boca Raton, FL: Chapman & Hall.

Varian, Hal R. 1972. Benford's Law. *American Statistician*, **26**(3), 65.

Vega, Solmaria Halleck, and Elhorst, J. Paul. 2015. The SLX Model. *Journal of Regional Science*, **55**(3), 339-363.

Wainer, Howard. 2004. *Graphic Discovery: A Trout in the Milk and Other Visual Adventures*. Princeton, NJ: Princeton University Press.

Wall, Melanie M. 2004. A Close Look at the Spatial Structure Implied by the CAR and SAR Models. *Journal of Statistical Planning and Inference*, **121**(2), 311-324.

Waller, Lance A., Carlin, Bradley P., Xia, Hong, and Gelfand, Alan E. 1997. Hierarchical Spatio-Temporal Mapping of Disease Rates. *Journal of the American Statistical Association*, **92**(438), 607-617.

Ward, Michael D. 2002. The Development and Application of Spatial Analysis for Political Methodology. *Political Geography*, **21**(2), 155-158.

Ward, Michael D., and Gleditsch, Kristian Skrede. 2002. Location, Location, Location: An MCMC Approach to Modeling the Spatial Context of War and Peace. *Political Analysis*, **10**(3), 244-260.

Ward, Michael D., and Gleditsch, Kristian Skrede. 2008. *Spatial Regression Models*. Vol. 155. Thousand Oaks, CA: Sage.

Ward, Michael D., and Hoff, Peter D. 2007. Persistent Patterns of International Commerce. *Journal of Peace Research*, **44**(2), 157-175.

Ward, Michael D., and O'Loughlin, John. 2002. Spatial Processes and Political Methodology: Introduction to the Special Issue. *Political Analysis*, **10**(3), 211-216.

Ward, Michael D., Siverson, Randolph M., and Cao, Xun. 2007. Disputes, Democracies, and Dependencies: A Reexamination of the Kantian Peace. *American Journal of Political Science*, **51**(3), 583-601.

Wasserman, Stanley, and Faust, Katherine. 1994. *Social Network Analysis: Methods and Applications*. Cambridge, England: Cambridge University Press.

Watts, Duncan J. 2004. *Six Degrees: The Science of a Connected Age*. New York, NY: W. W. Norton.

Weidmann, Nils B. 2011. Violence "From Above" or "From Below"? The Role of Ethnicity in Bosnia's Civil War. *The Journal of Politics*, **73**(04), 1178-1190.

Weidmann, Nils B., and Gleditsch, Kristian Skrede. 2015. *cshapes:*

CShapes Dataset and Utilities. P *package version 0.5-1.* Retrieved from https://cran.r-project.org/web/packages/cshapes/cshapes.pdf.

Weidmann, Nils B., Kuse, Doreen, and Gleditsch, Kristian Skrede. 2010. The Geography of the International System: The CShapes Dataset. *International Interactions*, **36**(1), 86–106.

Whitehead, Rev. Henry. 1867. Remarks on the Outbreak of Cholera in Broad Street, Golden Square, London in 1854. *Transactions of the Epidemiological Society of London*, **3**, 99–104.

Wright, John Kirtland, Jones, Loyd A., Stone, Leonard, and Birch, Thomas William. 1938. *Notes on Statistical Mapping: With Special Reference to the Mapping of Population Phenomena*. New York, NY: American Geographical Society.

You, Jong-Sung, and Khagram, Sanjeev. 2005. A Comparative Study of Inequality and Corruption. *American Sociological Review*, **70**(1), 136–157.

索　引

〈訳者紹介〉

田中章司郎（たなか しょうじろう）

1987 年　広島大学大学院博士課程後期中途退学
現　　在　広島経済大学メディアビジネス学部 教授
　　　　　博士（学術）
専　　門　経済と環境のデータに基づくモデリング
主　　著　『地球環境データ —衛星リモートセンシング』（共著，共立出版，2002）
　　　　　『SQL:1999 リレーショナル言語詳解』（共訳，ピアソン・エディケーション，2003）
　　　　　『統計応用の百科事典』（共著，丸善出版，2011）

西井龍映（にしい りゅうえい）

1979 年　広島大学大学院理学研究科博士課程後期中退
現　　在　長崎大学情報データ科学部 学部長
　　　　　理学博士
専　　門　統計科学
主　　著　『スパース回帰分析とパターン認識』（共著，講談社，2020）
　　　　　『大学教育の数学的リテラシー』（共著，東信堂，2017）
　　　　　『A Mathematical Approach to Research Problems of Science and Technology』（共著，Springer，2014）

計量分析 One Point 空間回帰モデル （原題：*Spatial Regression Models: Second Edition*）	著　者　Michael D. Ward（ウォード） 　　　　Kristian Skrede Gleditsch 　　　　（グレディッチ） 訳　者　田中章司郎　　© 2023 　　　　西井龍映 発行者　南條光章 発行所　**共立出版株式会社** 　　　　〒 112-0006 　　　　東京都文京区小日向 4-6-19 　　　　電話番号　03-3947-2511（代表） 　　　　振替口座　00110-2-57035 　　　　www.kyoritsu-pub.co.jp 印　刷　大日本法令印刷 製　本　加藤製本

2023 年 7 月 30 日　初版 1 刷発行

検印廃止
NDC 417

ISBN 978-4-320-11415-9

一般社団法人
自然科学書協会
会員

Printed in Japan